现代农艺实践

XIANDAI NONGYI SHIJIAN

吴殿星　舒小丽　张　宁◎主　编
王　寅　韩娟英　钱琼秋◎副主编

U0395129

中国农业出版社
北京

图书在版编目（CIP）数据

现代农艺实践 / 吴殿星，舒小丽，张宁主编 . —北京：中国农业出版社，2019.8
ISBN 978-7-109-24018-6

Ⅰ.①现… Ⅱ.①吴… ②舒… ③张… Ⅲ.①农学 Ⅳ.①S3

中国版本图书馆 CIP 数据核字（2018）第 058879 号

中国农业出版社出版
地址：北京市朝阳区麦子店街 18 号楼
邮编：100125
责任编辑：郭银巧　　文字编辑：李　莉
版式设计：王　晨　　责任校对：吴丽婷
印刷：中农印务有限公司
版次：2019 年 8 月第 1 版
印次：2019 年 8 月北京第 1 次印刷
发行：新华书店北京发行所
开本：700mm×1000mm　1/16
印张：8.75
字数：168 千字
定价：79.80 元

前 言

　　《现代农艺实践》注重实际操作技能，坚持基础性、科学性与实践技能结合的原则，以现代农业及其生产为背景，内容涵盖了以应用生物与农学大类专业为特色的主要专业实践与技能内容，每一项农艺实践技能之中又根据当前生产实际，选择代表性大田农作物、经济作物与药用植物素材与现代生产模式进行专门体验，收获农产品并加以品尝，寓教于乐，实现科学性、体验感和趣味性的统一，有助于理论知识与实践技能相结合。该书既可以作为高等职业教育通识课程和应用生物与农学大类专业实践课程的主要教材，又可以作为都市农业、城郊农场以及想了解与体验现代农业生产的广大市民的参考资料和科普读物。

　　全书共分6章，包括内容有：常见大田农作物、经济作物与药用植物介绍；代表性大田农作物、经济作物与药用植物栽培技术；农作物农艺性状观察、产量评估与适期收获；主要农作物杂交技术；现代农业生产模式介绍与无土栽培技术；农田杂草类型和病虫害的识别。其中的部分内容，结合了实验室的研发实践，先后受到了"十三五"重点研发项目（2016YFD0101801）、浙江省重点研发项目与育种专项（2016C02052-6，C02058-4，2017C02019）和长江大学主要粮食作物协同创新中心的资助，在此表示衷心感谢。

　　由于编者的知识水平有限，实践经验不足，书中难免存在错误或表述不当之处。相关资料、文献和图片一定存在标识未明之处。书中的上述问题，敬请同行专家和广大读者谅解与指正。

编 者

2017年8月于浙江大学华家池

<<< 目　录

前言

第 /章 »»»

常见大田农作物、经济作物与药用植物介绍

1.1　常见禾谷类作物

禾谷类作物是以收获作物谷粒为栽培目的的作物。中国每年禾谷类作物播种面积占作物总播种面积的 65%～70%。禾谷类作物分麦类作物和非麦类作物两大类，主要包括稻类（籼稻、粳稻、糯稻）、麦类（小麦、大麦、燕麦、黑麦）、玉米、高粱、粟、黍、荞麦等。禾谷类是人体最主要、最经济的热能来源。我国人民是以禾谷类食物为主食的，人体所需热能约有 80%，蛋白质约有 50% 也是由禾谷类提供的。禾谷类含有多种营养素，以碳水化合物的含量最高，而且消化利用率也很高。

1.1.1　水稻（*Oryza sativa* L.）

水稻又称稻、稻谷，原产中国，7 000 年前中国长江流域就开始种植水稻。按照不同的分类方法，水稻可以分为籼稻和粳稻、早稻和中晚稻、糯稻和非糯稻。水稻所结子实即稻谷，稻谷脱壳后称糙米，糙米碾去米糠层即可得到大米。世界上近 50% 的人口都以大米为主食。大米的食用方法多种多样，有米饭、米粥、米饼、米糕、米酒等。除可食用外，水稻还可以作为酿酒、制糖的工业原料，稻壳和稻秆也可以作为饲料。

籼稻：含 20% 左右直链淀粉，中黏性。籼稻起源于亚热带，种植于热带和亚热带地区，生长期短，在无霜期长的地方一年可多次成熟。去壳成为籼米后，外观细长、透明度低。有的品种表皮发红，如中国江西出产的红米，煮熟后米饭较干、松，通常用于制作萝卜糕、米粉、炒饭。

粳稻：粳稻的直链淀粉含量较低，一般低于 15%。种植于温带和寒带地区，生长期长，一般一年只能成熟一次。去壳成为粳米后，外观圆短、透明（部分品种米粒有局部白粉质）。煮食特性介于糯米与籼米之间。

籼稻和粳稻是长期适应不同生态条件，尤其是温度条件而形成的两种气候生态型，两者在形态、生理特性方面差异明显。在世界产稻国中，只有中国是籼粳稻并存，而且面积都很大，地理分布明显。籼稻主要集中于中国华南热带

和淮河以南亚热带的低地，分布范围较粳稻窄。籼稻具有耐热、耐强光的习性，米质黏性差，叶片粗糙多毛，颖壳上茸毛稀而短以及较易落粒等特性，与野生稻类似，因此，籼稻是由野生稻演变成的栽培稻，是基本型。粳稻分布范围广泛，从南方的高寒山区，云贵高原到秦岭，淮河以北的广大地区均有栽培。粳稻具有耐寒、耐弱光的习性，米质黏性较强，叶面少毛或无毛，颖毛长密，不易落粒等特性，与野生稻有较大差异。因此，可以说粳稻是人类将籼稻由南向北、由低向高引种后，逐渐适应低温的变异型。

根据光照反应、营养品质以及种子生产的不同，水稻又常分为不同的类型与称谓，主要如下：

按对光照反应的不同，水稻可分为早、中、晚稻。早、中稻对光照反应不敏感，在全年各个季节种植都能正常成熟；晚稻对光照很敏感，严格要求在短日照条件下才能通过光照阶段，抽穗结实。晚稻和野生稻很相似，是由野生稻直接演变形成的基本型，早、中稻是由晚稻在不同温光条件下分化形成的变异型。北方稻区的水稻属早稻或中稻。

按黏性、营养品质与用途，水稻有糯稻和非糯稻、普通稻和特种稻之分。糯稻的直链淀粉含量在2%以下，黏性很高，又分粳糯和籼糯。通常情况下，粳糯用于酿酒和米糕，籼糯用于八宝粥和粽子。

特种稻是指具有特定遗传性状和特殊用途的稻米，一般包括有色稻、香稻和专用稻三类。由于其特殊的营养、保健和加工利用特点，受到国内外的广泛重视。有色稻是指糙米带有色泽的稻米。由于花青素在果皮、种皮内大量积累，从而使糙米出现绿色、褐色、咖啡色、红色、紫红色、紫黑色、乌黑色等颜色。目前，色米以红米和黑米的糙米居多，迄今尚未发现碾除种皮和果皮之后仍保持有色胚乳的天然或突变品种。色米可用于做饭、煮粥、制糕、做饼、酿酒以及食疗和药疗，也可以从中提取天然色素等，作为添加剂用于食品工业。

功能专用稻是指具有强身健体、防病治病等特殊作用的水稻，如适宜糖尿病食用的高抗性淀粉大米、高锌含量婴幼儿童特供营养米、低水溶性蛋白肾脏病专用稻米以及天然留胚大米等。该类大米改变了古往今来稻米的主要功能只不过是填饱肚子的观念，非常符合当前供给侧的改革理念。

另外，按种子生产方式，水稻有常规水稻和杂交水稻之分。常规水稻品种农民可以自己留种；杂交水稻需每年繁制种，因使用的不育系差异又有两系杂交水稻和三系杂交水稻之分。

此外，在水稻分类学上，根据稻作栽培方式和生长期内需水量的多少，有水稻和旱稻之分。旱稻，也称陆稻，是种植于旱地靠雨水或只辅以少量灌溉的稻作，一生灌水量仅为水稻的1/10～1/4，适于低洼易涝旱地、雨水较多的山地及水源不足或能源紧缺的稻区种植。

1.1.2 小麦（*Triticum aestivum* L.）

小麦又称麸麦、浮麦、浮小麦、空空麦等，是一种在世界各地广泛种植的禾本科植物。小麦是三大谷物之一，几乎全作食用，仅有约1/6作为饲料使用。两河流域是世界上最早栽培小麦的地区，中国是世界最早种植小麦的国家之一。

小麦是我国人民膳食生活中的主食之一。小麦可制成各种面粉（如精面粉、强化面粉、全麦面粉等）、麦片及其他免烹饪食品。从营养价值看，全麦制品更好，因为全麦能为人体提供更多的营养，更有益于健康。传统医学认为，小麦具有清热除烦、养心安神等功效，小麦粉不仅可厚肠胃、强气力，还可以作为药物的基础剂，故有"五谷之贵"的美称。因此，在膳食生活中要注意选择一定量的全麦粉或麦片，并进行合理搭配。

按照小麦籽粒皮色的不同，可将小麦分为红皮小麦和白皮小麦，简称为红麦和白麦。红麦籽粒的表皮为深红色或红褐色；白麦（也称白粒小麦）籽粒的表皮为黄白色或乳白色。红白小麦混在一起的叫做混合小麦。

按照籽粒粒质的不同，小麦可以分为硬质小麦和软质小麦，简称为硬麦和软麦。硬麦的胚乳结构紧密，呈半透明状，亦称为角质或玻璃质；软麦的胚乳结构疏松，呈石膏状，亦称为粉质。就小麦籽粒而言，当其角质占其中部横截面 1/2 以上时，称其为角质粒，为硬麦；而当其角质不足 1/2 时，称其为粉质粒，为软麦。按中国标准，硬质小麦是指角质率不低于 70% 的小麦，软质小麦是指粉质率不低于 70% 的小麦。

按播种季节的不同，小麦可分为春小麦和冬小麦。春小麦是指春季播种，当年夏或秋两季收割的小麦；冬小麦是指秋、冬两季播种，第 2 年夏季收割的小麦。

1.1.3 玉米（*Zea mays* L.）

玉米又称包谷、玉蜀黍、包粟、玉谷等，因其粒如珠，色如玉而得名珍珠果。玉米是 1 年生雌雄同株异花授粉植物，植株高大，茎强壮，是重要的粮食作物和饲料作物，总产量已超过水稻和小麦。

根据籽粒有无稃壳、籽粒形状及胚乳性质，可将玉米以下分成 9 个类型：

（1）硬粒型　又称燧石型，适应性强，耐瘠、早熟。果穗多呈锥形，籽粒顶部呈圆形，由于胚乳外周是角质淀粉。故籽粒外表透明，外皮具光泽，且坚

硬，多为黄色。食味品质优良，产量较低。

（2）马齿型　植株高大，耐肥水，产量高，成熟较迟。果穗呈筒形，籽粒长大扁平，籽粒的两侧为角质淀粉，中央和顶部为粉质淀粉，成熟时顶部粉质淀粉失水干燥较快，籽粒顶端凹陷呈马齿状，故而得名。凹陷的程度取决于淀粉含量。食味品质不如硬粒型。

（3）粉质型　又称软粒型，果穗及籽粒形状与硬粒型相似，但胚乳全由粉质淀粉组成，籽粒乳白色，无光泽，是制造淀粉和酿造的优良原料。

（4）甜质型　又称甜玉米，植株矮小，果穗小。胚乳中含有较多的糖分及水分，成熟时因水分蒸散而种子皱缩，多为角质胚乳，坚硬呈半透明状，多做蔬菜或制罐头。

（5）甜粉型　籽粒上部为甜质型角质胚乳，下部为粉质胚乳，世界上较为罕见。

（6）爆裂型　又称玉米麦，每株结穗较多，但果穗与籽粒都小，籽粒圆形，顶端突出，几乎全为角质淀粉类型。遇热时，淀粉内的水分形成蒸汽而爆裂。

（7）蜡质型　又称糯质型。原产我国，果穗较小，籽粒中胚乳几乎全由支链淀粉构成，不透明，无光泽如蜡状。支链淀粉遇碘液呈红色反应。食用时黏性较大，故又称黏玉米。

（8）有稃型　籽粒为较长的稃壳所包被，故名。稃壳顶端有时有芒。有较强的自花不孕性，雄花序发达，籽粒坚硬，脱粒困难。

（9）半马齿型　介于硬粒型与马齿型之间，籽粒顶端凹陷深度比马齿型浅，角质胚乳较多。种皮较厚，产量较高。

根据籽粒的组成成分及特殊用途，可将玉米分为特用玉米和普通玉米两大类。特用玉米是指具有较高的经济价值、营养价值或加工利用价值的玉米，如甜玉米、糯玉米、高油玉米、高赖氨酸玉米和爆裂玉米。

1.1.4 粟米 [*Setaria italica* (L.) Beauv.]

粟米又称白粱粟、籼粟、硬粟。禾本科草本植物粟（北方俗称谷子）的种子，脱壳制成的粮食，因其粒小，直径 2mm 左右，故得名小米。原产于中国北方黄河流域，中国古代的主要粮食作物，所以夏代和商代属于"粟文化"。在我国北方广为栽培。秋季采收成熟果实，晒干去皮壳用。

粟生长耐旱，品种繁多，俗称"粟有五彩"，有白、红、黄、黑、橙、紫各种颜色的小米，也有黏性小米。中国最早的酒也是用小米酿造的。粟适合在干旱而缺乏灌溉的地区生长。其茎、叶较坚硬，可以作饲料，一般只有牛能消化。

1.1.5 大麦 (*Hordeum vulgare* L.)

大麦又称牟麦、饭麦、赤膊麦，与小麦的营养成分近似，但纤维素含量略高。大麦是有稃大麦和裸大麦的总称。一般有稃大麦称皮大麦，其特征是稃壳和籽粒粘连；裸大麦的稃壳和籽粒分离，称裸麦，青藏高原称青稞，长江流域称元麦，华北称米麦等。按用途不同，大麦可分为啤酒大麦、饲用大麦和食用大麦3种类型。

栽培大麦有3个种：六列型大麦（*H. vulgare*），其花穗有2个相对的凹槽，每个凹槽着生3个小穗，每个小穗着生1朵小花，结籽1粒；二行大麦（*H. distichum*）为两列型，小穗中有一中心小花，可结籽，侧生小花通常不育；不规则型大麦（*H. irregular*）又称阿比西尼亚中间型，很少栽培，中心花能育，侧生小花能育或不育。

大麦具有经济价值的是普通大麦种中的两个亚种，即二棱大麦亚种和六棱大麦亚种。二棱大麦，穗轴每节片上的三联小穗，仅中间小穗结实，侧小穗发育不全或退化，不能结实。二棱大麦穗粒数少，籽粒大而均匀。我国长江流域一般种植二棱大麦。六棱大麦，穗轴每节片上的三联小穗全部结实。一般中间小穗发育早于侧小穗，因此，中间小穗的籽粒较侧小穗的籽粒稍大。由于穗轴上的三联小穗着生的密度不同，分稀（4 cm 内着生 7～14 个）、密（4 cm 内着生 15～19 个）、极密（4 cm 内超过 19 个）3 种类型。其中三联小穗着生稀的类型，穗的横截面有 4 个角，人们称四棱大麦，实际上是稀六棱大麦。

 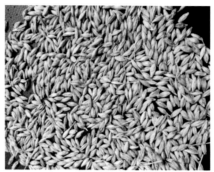

1.1.6　荞麦 （*Fagopyrum esculentum* Moench）

荞麦又称甜荞、乌麦、甜麦、花麦、花荞、三角麦等，系短日照作物，喜凉爽湿润，不耐高温旱风，畏霜冻。荞麦在中国大部分地区都有分布，在亚洲和欧洲国家也有分布。栽培荞麦有 4 个种：甜荞、苦荞、翅荞和米荞。甜荞和苦荞是两种主要的栽培种。已收集的地方品种 3 000 余个，其中甜荞、苦荞各占一半。

甜荞亦称普通荞麦。无菌根，茎细长，常有棱，色淡红。叶基部有不太明显的花斑或完全缺乏花青素，总状花序，花较大，白色、玫瑰色或红色。异型花，主要为两型，一类是长花柱花，一类是短花柱花。也可偶见雌雄蕊等长的花和少数不完全花。子房周围有明显的蜜腺，有香味，易诱昆虫。异花授粉。瘦果较大，三棱形，表面与边缘光滑，品质好，为中国栽培较多的一种。

苦荞亦称鞑靼荞麦。有菌根，茎常为光滑绿色。叶基部常有明显的花青素斑点。所有的果枝上均有稀疏的总状花序。花较小，紫红和淡黄绿色，无香味。雌雄蕊等长，自花授粉。瘦果较小，三棱形，棱不明显，有的呈波浪状。表面粗糙，两棱中间有深凹线，壳厚，果实味苦。中国西南地区栽培较多。

翅荞亦称有翅荞麦。茎淡红，叶大，多为自花授粉。瘦果棱薄而呈翼状，品质较粗劣。在中国北方与西南地区均有少量栽培。

米荞在中国荞麦主要产区几乎都有分布。瘦果似甜荞，两棱之间饱满欲裂。但光滑无深凹线，棱钝而皮皱。因种皮易爆裂而得名。

据分析，荞麦含蛋白质 9.3%，比大米和面粉都高，而且人体必需的赖氨酸和维生素 E 含量也高。荞麦含脂肪 2.3%，其中单不饱和脂肪酸（油酸）占 46.9%，亚油酸占 14.6%。现代医学研究表明，荞麦含有芦丁等具有药理功效的物质，芦丁具有降脂、软化血管、增加血管弹性等作用。因此，在日常膳食生活中经常搭配适量荞麦，可以预防高血压、高血脂、动脉粥样硬化、冠心病等疾病。

1.1.7 燕麦 (*Avena sativa* L.)

燕麦又称雀麦、黑麦、铃铛麦、玉麦、香麦、苏鲁等，《本草纲目》中称之为雀麦、野麦子。燕麦不易脱皮，所以被称为皮燕麦，是一种低糖、高营养、高能食品，具有较高的营养价值，可用于体虚自汗、盗汗或肺结核病人。按种子带壳与否，燕麦分为带稃型和裸粒型。带稃型燕麦的外壳长而硬，成熟时籽粒包于壳中，被称为皮燕麦，主要用作饲料和饲草，世界各国栽培以带稃型的燕麦为主。

燕麦富含膳食纤维，能促进肠胃蠕动，利于排便，热量低，血糖指数低，降脂降糖。1997 年美国 FDA 认定燕麦为功能性食物，具有降低胆固醇、平稳血糖的功效。美国《时代》杂志评选的"全球十大健康食物"中燕麦位列第五，是唯一一上榜的谷类。

1.1.8　高粱 [*Sorghum bicolor*（L.）Moench)]

高粱又称蜀黍、桃黍、木稷、荻粱、乌禾、芦檫、荄子、名禾，属于经济作物。按性状及用途，高粱可分为食用高粱、糖用高粱、帚用高粱等类。中国栽培较广，以东北各地为最多。食用高粱谷粒供食用、酿酒；糖用高粱的秆可制糖浆或生食；帚用高粱的穗可制笤帚或炊帚；嫩叶阴干青贮，或晒干后可作饲料；颖果能入药，能燥湿祛痰，宁心安神。

综合利用高粱的籽粒、花序、穗颈、茎秆，是中国高粱栽培的传统习惯。高粱籽粒加工后即成为高粱米，在我国、朝鲜、原苏联、印度及非洲等地皆为食粮。食用方法主要是为炊饭或磨制成粉后再做成其他各种食品，比如面条、面鱼、面卷、煎饼、蒸糕、年糕等。除食用外，高粱可制淀粉、制糖、酿酒和制酒精等，茅台酒、汾酒等名酒，主要以高粱为原料。甜高粱的茎秆含有大量的汁液和糖分，是新兴的一种糖料作物、饲料作物和能源作物。

1.1.9　薏米 (*Coix chinensis* Tod.)

薏米又称薏苡仁、药玉米、苡米、薏苡米、感米、薏珠子等，属药食两用的食物。薏米具有丰富的营养和药用价值，相传，薏米原产我国和东南亚，公元754年我国即把它列为宫廷膳食之一。薏米的营养价值很高，被誉为"世界禾本科植物之王"；在欧洲，它被称为"生命健康之禾"；在日本，最近被列为防癌食品，因此身价倍增。薏米具有容易被消化吸收的特点，可用于滋补或医疗。

现代研究表明，薏米含多种营养成分。据测定，薏米蛋白质含量高达12%以上，高于其他谷类（约8%），还含有薏仁油、薏苡酯、薏苡仁素、β-谷甾醇、多糖、B族维生素等成分，其中薏苡酯和多糖具有增强人体免疫功能、抑制癌细胞生长的作用。国内外多用薏米配伍其他抗癌药物治疗肿瘤，并

收到一定疗效。我国医学认为，薏米味甘、淡，性凉，入脾、肺、肾三经，具有健脾利湿、清热排脓、降痹缓急的功效，临床上常用治疗脾虚腹泻、肌肉酸重、关节疼痛、屈伸不利、水肿、脚气、白带、肺痈、肠痈、淋浊等病症。

1.1.10 小结

禾谷类虽然种类繁多，但谷粒基本结构相似，都是由谷皮、胚乳、胚 3 个主要部分组成，分别占谷粒总重量的 13%～15%、83%～87%、2%～3%。

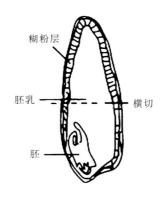

谷皮为谷粒的最外层，主要由纤维素、半纤维素等组成，含有一定量的蛋白质、脂肪、维生素以及较多的无机盐。糊粉层在谷皮与胚乳之间，含有较多的磷、丰富的 B 族维生素及无机盐，会随加工流失到糠麸中。谷类食物纤维素、半纤维素含量较多，可刺激胃肠蠕动，防止便秘。谷类含矿物质 1.5%～3%，主要是钙和磷，并多以植酸盐的形式集中在谷皮和糊粉层中，消化吸收率较低。

胚乳是谷类的主要部分，含淀粉（约 74%）、蛋白质（10%）及很少量的脂肪、无机盐、维生素和纤维素等。

胚在谷粒的一端，富含脂肪、蛋白质、无机盐、B 族维生素和维生素 E。其质地较软而有韧性，加工时易与胚乳分离而损失。

谷类脂肪含量低，如大米、小麦为 1%～2%，玉米和小米可达 4%，主要集中在糊粉层和胚，因此在谷类加工时易损失或转入副产品中。在食品加工工业中常将其副产品用来提取油脂，如从米糠中提取米糠油、谷维素和谷固醇，从小麦胚芽和玉米中提取胚芽油。这些油脂含不饱和脂肪酸达80%，其中亚油酸约占60%，在保健食品的开发中以这类油脂作为功能油脂替代膳食中富含饱和脂肪酸的动物油脂，可明显降低血清胆固醇，防止动脉粥样硬化。

谷类B族维生素是人体膳食中B族维生素的主要饮食结构来源。如维生素 B_1、维生素 B_2、维生素 VPP、维生素 B_3、维生素 B_6 等，主要分布在糊粉层和胚部，随加工而损失，加工越精细损失越大。精白米、面中的B族维生素可能只有原来的 $10\%\sim30\%$。因此，长期食用精白米、面，又不注意其他副食的补充，易引起机体维生素 B_1 不足或缺乏，导致患脚气病，主要损害神经血管系统，特别是孕妇或乳母若摄入维生素 B_1 不足或缺乏，可能会影响到胎儿或婴幼儿健康。

谷类在加工时，麸皮和胚芽基本上都去掉了，同时也将膳食纤维、维生素、矿物质和其他有用的营养素比如木脂素、植物性雌激素、酚类化合物和植酸也一同去除了。但加工后的谷类质地更细，保存期也更长。很多加工谷类中被人工加入了很多营养素，如铁、B族维生素（叶酸、维生素 B_1、维生素 B_2 和维生素PP）等。

全谷类食物中，麸皮、胚芽和胚乳的比例与它们被压碎或剥皮之前的比例是一样的。全谷类食物是纤维和营养素的重要来源，它们能够提高我们的耐力，帮我们远离肥胖、糖尿病、疲劳、营养不良、神经系统失常、胆固醇相关心血管疾病以及肠功能紊乱等症。

随着中国经济的发展，人民的经济收入不断提高，膳食生活中食物结构也相应地发生了很大的变化。无论在家庭或是聚餐，餐桌上动物性食品和油炸食品多了起来，而主食很少，且追求精细。这种高蛋白、高脂肪、高能量、低膳食纤维"三高一低"的膳食结构致使我国现代"文明病"，如肥胖症、高血压、高脂血症、糖尿病、痛风等以及肿瘤的发病率不断上升，并正威胁着人类的健康和生命。此外，在我国也出现另一种情况，一些人说什么吃饭会发胖，因此只吃菜不吃饭或很少吃饭等，这种不合理的食物构成又会出现新的营养问题，最终因营养不合理而导致疾病。因此建议有不合理膳食的人要尽快纠正，做到平衡膳食，合理营养，把五谷杂粮放在餐桌上的合理位置，这才有利于健康。《中国居民膳食指南（2016）》建议我国居民每天摄入谷薯类食物250～400 g，其中全谷物和杂豆类50～150 g。

1.2　常见豆类作物

豆类作物是指豆科中的一类栽培作物。豆类作物种类很多，主要有大豆、蚕豆、豌豆、绿豆、赤豆、菜豆、豇豆、刀豆、扁豆等。

1.2.1 大豆 [*Glycine max*（Linn.）Merr.]

大豆原产中国，中国各地均有栽培，亦广泛栽培于世界各地。大豆在中国已有 5 000 年栽培历史，古称菽，东北为主产区，是一种含丰富植物蛋白质的作物。

大豆营养价值很高，素有"豆中之王"之称，被人们叫做"植物肉""绿色的乳牛"。干大豆中含高品质的蛋白质约 40%，为所有粮食之冠。大豆富含异黄酮，可断绝癌细胞营养供应，含人体必需的 8 种氨基酸、多种维生素及多种微量元素，可降低血中胆固醇，预防高血压、冠心病、动脉硬化等。此外，大豆内含亚油酸，能促进儿童神经发育。

根据种皮颜色和粒形，大豆可分为五类：黄大豆、青大豆、黑大豆、饲料豆、其他大豆。其他大豆是种皮为褐色、棕色、赤色等单一颜色的大豆。

黄大豆是大豆中种植最广泛的品种。黄大豆常用于做各种豆制品、榨取豆油、酿造酱油和提取蛋白质。豆渣或磨成粗粉也常用作禽畜饲料。

青大豆是种皮为青绿色的大豆。按其子叶的颜色，又可分为青皮青仁大豆和绿皮黄仁大豆两种。青大豆富含不饱和脂肪酸和大豆磷脂，也富含皂角苷、蛋白酶抑制剂、异黄酮、钼、硒等抗癌成分，同时还富含维生素，是人体摄取维生素 A、维生素 C、维生素 K 以及 B 族维生素的主要来源食物之一。

黑大豆为豆科植物大豆的黑色种子，又

称橹豆、黑豆等，味甘性平。黑大豆具有高蛋白、低热量的特性，外皮黑，里面黄色或绿色。

饲料豆一般籽粒较小，呈扁长椭圆形，两片叶子上有凹陷圆点，种皮略有光泽或无光泽。

1. 2. 2 蚕豆 (*Vicia faba* L.)

蚕豆又称罗汉豆、胡豆、兰花豆、南豆、竖豆、佛豆，豆科、野豌豆属。原产欧洲地中海沿岸，亚洲西南部至北非，相传西汉张骞自西域引入中原。蚕豆营养价值丰富，含 8 种必需氨基酸。碳水化合物含量 47％～60％，可食用，也可作饲料、绿肥和蜜源植物种，为粮食、蔬菜、饲料、绿肥兼用作物。

蚕豆含蛋白质、碳水化合物、粗纤维、磷脂、胆碱、维生素 B_1、维生素 B_2、维生素 PP 和钙、铁、磷、钾等多种矿物质，尤其是磷和钾含量较高。中医认为，蚕豆味甘、微辛，归脾、胃经，有治疗脾胃不健、水肿等病症的功效。

1. 2. 3 豌豆 (*Pisum sativum*)

豌豆又称青豆、麦豌豆、寒豆、麦豆、雪豆、毕豆、麻累等。从色泽上分，豌豆有青、黄两种。干黄豌豆表皮发白，形状因品种不同而有所不同。豌豆大多为圆球形，还有椭圆、扁圆、凹圆、皱缩等形状。干黄豌豆经冷水浸泡，豆皮较厚，且无透明感，用手搓去外皮，豌豆仁呈金黄色。

豌豆荚和豆苗的嫩叶富含维生素 C 和酶，可以分解亚硝胺，具有抗癌防癌的作用。豌豆与一般蔬菜有所不同，所含的赤霉素和植物凝素等物质，具有抗菌消炎、增强新陈代谢的功能。在豆荚和豆苗中含有较为丰富的膳食纤维，有清肠作用，可以预防便秘。

1.2.4 绿豆（*Vigna radiata*（Linn.）Wilczek）

绿豆又称青小豆（因其颜色青绿而得名）、菉豆、植豆等，在中国已有2 000余年的栽培史。绿豆原产地在印度、缅甸地区，现在东亚各国普遍种植，非洲、欧洲、美国也有少量种植。中国、缅甸等国是绿豆主要的出口国。

绿豆的种子和茎秆被广泛食用。绿豆清热之功在皮，解毒之功在肉。绿豆汤是家庭常备夏季清暑饮料，清暑开胃，老少皆宜。传统绿豆制品有绿豆糕、绿豆酒、绿豆饼、绿豆沙、绿豆粉皮等。其实绿豆也有黄色的品种，但极为少见，目前只在江西鄱阳看到，外表黄色，豆皮比绿色更薄，营养更佳。

1.3　常见薯类作物

薯类作物又称根茎类作物，主要有马铃薯、甘薯、木薯和薯蓣，其中马铃薯是以收获块茎为目的，其余均以收获块根为目的。

薯类作物的产品器官是块根（茎），生长在土壤之中，一生分为生长前期和块根（茎）膨大期。其在生长前期对养分的需求较少，但十分敏感，缺肥会严重影响茎叶的生长和根系发育，从而影响块根（茎）的形成。块根（茎）膨大期是地上和地下生长最旺盛的时期，需肥多，是施肥的关键时期。

1.3.1　马铃薯（*Solanum tuberosum* L.）

马铃薯又称地蛋、土豆、洋山芋等，茄科植物的块茎，与小麦、稻谷、玉米、高粱并称为世界五大粮食作物。

马铃薯原产于南美洲安第斯山区，人工栽培历史最早可追溯到大约公元前8 000年到5 000年的秘鲁南部地区。马铃薯主要生产国有中国、俄罗斯、印度、乌克兰、美国等。马铃薯鲜薯可烧煮，用作粮食或蔬菜。世界各国十分注意生产马铃薯的加工食品，如冷冻法式炸条、炸片、速溶全粉、淀粉以及花样繁多的糕点、蛋卷等，多达100余种。中国是世界马铃薯总产最高的国家。2015年，中国启动了马铃薯主粮化战略，推进了马铃薯加工成馒头、面条、米粉等主食，成为稻米、小麦、玉米外的又一主粮。

彩色马铃薯有紫色、红色、黑色、黄色等。彩色马铃薯还可作为特色食品开发。由于本身含有抗氧化成分，因此经高温油炸之后彩薯片仍保持着天然颜色。另外，紫色马铃薯对光不敏感，油炸薯片可长时间保持原色。

1.3.2 甘薯 [*Ipomoea batatas*（L.）Lam.]

甘薯又称番薯、山芋、红薯、地瓜等，旋花科薯蓣属缠绕草质藤本，起源于墨西哥以及从哥伦比亚、厄瓜多尔到秘鲁一带的热带美洲。16 世纪末，甘薯从南洋引入中国，中国的甘薯种植面积和总产量均占世界首位。

甘薯的根分为须根、柴根和块根，其中块根是贮藏养分的器官，是供食用的部分，分布在 5～25 cm 深的土层中，先伸长后长粗，其形状、大小、皮肉颜色等因品种、土壤和栽培条件不同而有差异，分为纺锤形、圆筒形、球形和块形等，皮色有白、黄、红、淡红、紫红等；肉色可分为白、黄、淡黄、橘红或带有紫晕等。块根还具有根出芽的特性，是育苗繁殖的重要器官。非洲、亚洲的部分国家以甘薯用作主食。甘薯还可制作粉丝、糕点、果酱等食品。在工业上，甘薯可用来提取淀粉，广泛用于纺织、造纸、医药等方面。

按用途，甘薯主要分为：淀粉加工型（主要是高淀粉含量的品种）、食用型、加工与食用兼用型、菜用型（主要是食用茎叶）、色素加工型（主要是紫薯）、饮料型（含糖高甘薯）以及饲料加工型（此类甘薯茎蔓生长旺）。

1.3.3 木薯（*Manihot esculenta* Crantz）

木薯又称树薯、木番薯，原产于美洲巴西，现全世界热带地区广为栽培。中国福建、台湾、广东、海南、广西、贵州及云南等省（自治区）有栽培，偶有也为野生状态。木薯的块根富含淀粉，是工业淀粉原料之一。其块根可食，可磨木薯粉、做面包、提供木薯淀粉乃至酒精饮料。因块根含氰酸毒素，需经漂浸处理后方可食用。木薯在中国栽培已有 100 余年，通常分枝、叶淡绿色或紫红色，以淡绿色毒性较低。

1.3.4　薯蓣（*Dioscorea opposita* Thunb.）

　　薯蓣又称土薯、山药、怀山药、淮山、白山药等，山药的主要品种有毛张细毛山药、长山细毛山药、怀山药、淮山药、凤山药、细长毛山药、麻山药、铁棍山药、日本大和长芋山药等。薯蓣具有滋养强壮、助消化、敛虚汗、止泻之功效，主治脾虚腹泻、肺虚咳嗽、糖尿病消渴、小便短频、遗精、妇女带下及消化不良的慢性肠炎。薯蓣最适宜与灵芝搭配服用，具有防治糖尿病的作用，其在食品业和加工业上大有发展前途。

1.4　常见油料类作物

　　油料作物是以榨取油脂为主要用途的一类作物。这类作物主要有油菜、大豆、花生、芝麻、向日葵、棉籽、蓖麻、苏子、油用亚麻和大麻等。世界四大油料作物为大豆、油菜、花生、向日葵。我国四大（五大）主要油料作物为大豆、油菜、花生、芝麻（向日葵）。

1.4.1　油菜（*Brassica campestris* L.）

　　油菜，又称油白菜、苦菜，十字花科芸薹属植物，原产我国，其茎颜色深绿，帮如白菜，属十字花科白菜变种，花朵为黄色。农艺学上将植物中种子含油的多个物种统称油菜。

　　目前油菜主要栽培（品种）类型为：白菜型油菜、芥菜型油菜、甘蓝型油菜。

　　油菜是我国播种面积最大，分布地区最广的油料作物。我国是世界上生产油菜籽最多的国家。油菜是喜凉作物，对热量要求不高，对土壤要求不严。根据播种期的不同，可分为春、冬油菜。春、冬油菜分布的界限，相比春、冬小麦的分界线略偏南。我国以种植冬油菜为主。长江流域是全国冬油菜最大产区，其中四川省的播种面积和产量均居全国之首，其次为安徽、江苏、浙江、湖北、湖南、贵州等省。春油菜主要集中于东北、西北北部地区。

　　油菜苗营养丰富，维生素 C 含量很高。油菜花和籽也有许多用处，比如油菜花在含苞未放时可以食用；油菜花盛开时是一道亮丽的风景线；花朵凋谢后，油菜籽可以榨油。

1.4.2　花生（*Arachis hypogaea* Linn.）

　　花生原名落花生，又称"长生果""泥豆"等，主要分布于巴西、中国、埃及等地，是我国产量丰富、食用广泛的一种坚果，也是肥皂和生发油等化妆品的原料。

　　在各种油料作物中，花生的单产高，含油率高，是喜温耐瘠作物，对土壤要求不严，以排水良好的沙质土壤最宜。花生生产分布广泛，除西藏、青海外全国各地都有种植，主要集中在山东、广东、河南、河北、江苏、安徽、广西、辽宁、四川、福建等省（自治区），其中山东的产量居全国首位。目前，全国花生主要集中在两个地区：一是渤海湾周围的丘陵地及沿河沙土地区，这是我国最大的花生生产基地和出口基地；二是华南福建、广东、广西、台湾等地的丘陵及沿海地区。

1.4.3　芝麻（*Sesamum indicum* L.）

芝麻又称脂麻、胡麻，是胡麻的籽，遍布世界上的热带地区以及部分温带地区。芝麻被称为八谷之冠，是一种含油率很高的优质油料作物，种子含油量高达55%。

芝麻是我国四大食用油料作物的佼佼者，是我国主要油料作物之一。我国芝麻分布广泛，主要分布在河南、湖北、安徽、山东等省，其中河南省产量居全国首位。

芝麻榨取的油称为麻油、香油，特点是气味醇香，可用作食用油，生用或热用皆可；也可以用于医药作优质按摩油，或作为软膏基础剂、黏滑剂、解毒剂。糖制的芝麻油可制造奶油和化妆品。热榨的芝麻油可用于制造复写纸。芝

麻油燃烧所生的油烟，可以制造高级墨汁。从芝麻的花和茎中，可获取制造香水所用的香料。芝麻的茎秆可作燃料。芝麻还可以供应工业制作润滑油和肥皂。芝麻饼粕含蛋白质较高，是很好的精饲料。饼粕中含有氮素5.9%左右，磷酸3.3%左右，氧化钾1.5%，也是很好的肥料。

1.5 常见纤维类作物

纤维类作物是指利用其纤维作为工业原料的一类作物。属于这类作物的主要是棉和麻。根据纤维所在的部位不同，可分为种子纤维，如棉花；韧皮纤维，如大麻、黄麻、苎麻等；叶纤维，如剑麻、蕉麻等。而食物中，白菜、韭菜、竹笋、萝卜、荠菜、黄瓜、南瓜等也富含纤维。

1.5.1 棉花（*Gossypium* spp.）

棉花是锦葵科棉属植物种子纤维的统称，原产于亚热带。植株灌木状，在热带地区栽培可长到6 m高，一般为1~2 m。花朵乳白色，开花后不久转成深红色然后凋谢，留下绿色小型的蒴果，称为棉铃。棉铃内有棉籽，棉籽上的茸毛从棉籽表皮长出，塞满棉铃内部，棉铃成熟时裂开，露出柔软的纤维。纤维白色或白中带黄，长2~4 cm，含纤维素87%~90%。棉花产量较高的国家有中国、美国、印度等。按颜色分类，棉花可以分成以下类型：

白棉：正常成熟、正常吐絮的棉花，不管原棉的色泽呈洁白、乳白或淡黄色，都称白棉。棉纺厂使用的原棉，绝大部分为白棉。

黄棉：棉花生长晚期，棉铃经霜冻伤后枯死，铃壳上的色素染到纤维上，使原棉颜色发黄。黄棉一般属低级棉，棉纺厂仅有少量应用。

灰棉：生长在多雨地区的棉纤维，在生长发育过程中或吐絮后，如遇雨量多、日照少、温度低，纤维成熟就会受到影响，原棉呈现灰白色，这种原棉称为灰棉。灰棉强度低、质量差，棉纺厂很少使用。

彩棉：彩棉是指天然具有色彩的棉花，是在原来有色棉的基础上，采用远缘杂交、转基因等生物技术培育而成。天然彩色棉花仍然保持棉纤维原有的松软、舒适、透气等优点，制成的棉织品可减少一些印染工序和加工成本，能适量避免对环境的污染，但色相相对缺失，色牢度不够，仍在进行稳定遗传的观察之中。

1.5.2 苎麻 [*Boehmeria nivea*（L.）Gaudich.]

苎麻属荨麻科植物，又称野麻（广东、贵州、湖南、湖北、安徽）、野苎麻（贵州、浙江、江苏、湖北、河南、陕西、甘肃）、家麻（江西）、苎仔（台湾）、青麻（广西、湖北）、白麻（广西）。苎麻较适应温带和亚热带气候。

苎麻是中国古代重要的纤维作物之一。考古年代最早的是浙江钱山漾新石器时代遗址出土的苎麻布和细麻绳，距今已有 4 700 余年。中国是苎麻品种变异类型和苎麻属野生种较多的国家。

苎麻叶是蛋白质含量较高、营养丰富的饲料。麻根含有"苎麻酸"药用成分，有补阴、安胎、治产前产后心烦以及治疗疮等作用。麻骨可用作造纸原料或制作家具和板壁等的纤维板原料。麻骨还用于酿酒、制糖。麻壳可脱胶提取纤维、供纺织、造纸或修船填料之用。鲜麻皮上刮下的麻壳，可提取糠醛，而糠醛是化学工业的精炼溶液剂，又是树脂塑料。

1.6 常见糖类作物

糖料作物是以制糖为主要用途的一类作物，主要是甘蔗、甜菜等。甘蔗主要利用其高高的绿色的甘蔗茎；而甜菜则使用其长在地下的膨大的甜菜根。人们榨取它的汁液，把汁液收集起来转化为结晶糖。在我国，北方一般以甜菜为原料制糖，南方则常以甘蔗为原料制糖。

1.6.1　甘蔗（*Saccharum officinarum* L.）

甘蔗是甘蔗属的总称，原产于热带、亚热带地区。甘蔗中含有丰富的糖分、水分，还含有对人体新陈代谢非常有益的各种维生素、脂肪、蛋白质、有机酸、钙、铁等物质，主要用于制糖，现广泛种植于热带及亚热带地区。我国最常见的食用甘蔗为竹蔗。甘蔗表皮一般为紫色和绿色两种，也有红色和褐色，但比较少见。全世界有100多个国家生产甘蔗，较大的甘蔗生产国是巴西、印度和中国。甘蔗适合栽种于土壤肥沃、阳光充足、冬夏温差大的地方。甘蔗是制造蔗糖的原料，且可提炼乙醇作为能源替代品。

1.6.2　甜菜（*Beta vulgaris* L.）

甜菜又称恭菜，2 年生草本植物，起源于地中海沿岸，原产于欧洲西部和南部沿海。大约在公元 1 500 年从阿拉伯国家传入中国。野生种滨海甜菜是栽培甜菜的祖先。甜菜的栽培种有糖用甜菜、叶用甜菜、根用甜菜、饲用甜菜。1906 年糖用甜菜引进中国，是甘蔗以外的一个主要糖来源。

菜用甜菜在美国普遍用于烹食或腌食，俄罗斯甜菜浓汤是东欧的传统甜

菜汤。糖用甜菜是最重要的商业类型，18世纪在德国育成。英国曾对法国封锁，使之得不到进口食糖，作为对策，拿破仑鼓励种植甜菜，从此糖用甜菜在欧洲广为栽种。在现代，甜菜糖约占世界糖产量的2/5，主产国是乌克兰、俄罗斯、美国、法国、波兰、德国、土耳其、意大利、罗马尼亚和英国。

1.7　常见香料类植物

植物性香料的分布最为广泛，采集也比较容易，种类繁多，大多采自于花、草、树木。例如：蔷薇、茉莉、水仙、风信子、紫罗兰等是采自鲜花；佛手柑、柠檬、橘子等是采自果皮；樟脑、白檀、沉香等是采自树木枝干；龙脑是采自树脂。其他尚有丁香、肉桂、胡椒、茴香等，则或是采自树皮，或采自果实种子。不同的香料采集方式不同，大致是将植物散发香气的部分，依其性状用蒸馏、压榨、干燥等方法取得。主要可以分为：

（1）辛温型　八角、肉桂、小茴香籽、花椒、丁香称五香，一般适合家庭小吃、制酱等用，适用范围广泛，适合大众口味。一般市场上流通的五香粉都是以小茴香籽、碎桂皮为主，八角、丁香很少，所以没有味道，实际制作起来，应该以八角、丁香为主，其他的为辅。

（2）麻辣型　在五香的基础上加青川椒、荜拨、胡椒、豆蔻、干姜、草果、良姜等，在烧制中投入适当的辣椒，以达到有辣、麻的口感。用法各异，椒子和花椒可用热油炒，炒出香味，也有磨成粉状，也有全部投进锅中煮水用。

（3）浓香型　在一般材料的基础上加香砂、肉蔻、豆蔻、辛庚，进口香叶，制成特有的香料，常用于香肠、烧鸡、卤鸡和高档次的烧烤。

（4）怪味型　草果、草蔻、肉蔻、木香、山柰、青川椒、千年健、五加皮、杜仲另加五香煮水，这种口味给人以清新的感觉。

（5）滋补型　以天麻、罗汉果、当参、肉桂作为辅料，佐以甲鱼、母鸡、狗肉之类，系大补，可壮阳补肾、益气补中，增强人体的免疫力。

1.7.1　八角（*Illicium verum*）

八角又称大茴香、木茴香、大料，属于木科植物食味香料。味道甘、香。单用或与他药（香药）合用均可，主要用于烧、卤、炖、煨等动物性原料；有时也用于素菜，如炖萝卜、卤豆干等。八角也是五香粉中的主要调料，是卤水中的最主要的香料。

1.7.2 茴香 (*Foeniculum vulgare* Mill.)

茴香（即茴香子）又称小茴香、草茴香，属香草类草本植物食味香料。味道甘、香，单用或与他药合用均可。茴香的嫩叶可做饺子馅，但很少用于调味。茴香子主要用于卤、煮的禽畜菜肴或花生、豆类、豆制品等。

1.7.3 肉桂 (*Cinnamomum cassia* Presl)

肉桂又称玉桂、牡桂、玉树、大桂、辣桂、平安树、中国桂皮，为樟科植物肉桂的干燥树皮。树皮芳香，可作香料，味与产自斯里兰卡肉桂的桂皮相似，但较辣，不及桂皮鲜美，且较桂皮厚。主要用于卤、烧、煮、煨禽畜等菜肴，是卤水中的主要调料。

1.8 常见蔬菜类作物

蔬菜作物种类繁多，据统计，世界范围内的蔬菜共有 200 多种。常用蔬菜分类方法有 3 种：植物学分类法、食用器官分类法和农业生物学分类法。

蔬菜生产和商业领域，常把蔬菜植物的生物学特性和栽培特点结合起来进行蔬菜的农业生物学分类。分类很多，均比较实用，主要如下：

白菜类蔬菜：大白菜、小白菜、叶用芥菜、菜薹、结球甘蓝（圆白菜）、球茎甘蓝、花椰菜甘蓝等，都是十字花科植物，多为 2 年生，第 1 年形成产品器官，第 2 年开花结籽。

直根类蔬菜：萝卜、胡萝卜、芜菁、根用芥菜、根用甜菜等，以肥大的肉质直根为食用器官。与白菜类一样，多为 2 年生植物。

茄果类蔬菜：茄子、番茄、辣椒，1 年生植物。

瓜类蔬菜：黄瓜、南瓜、冬瓜、丝瓜、瓠瓜、菜瓜、蛇瓜、葫芦等，或包括西瓜、甜瓜等。西瓜和南瓜的成熟种子，可炒食或制作点心。

豆类蔬菜：菜豆、豇豆、刀豆、毛豆、豌豆、眉豆、蚕豆、四棱豆、扁豆等都是豆科植物，1 年生。菜豆与豇豆一般用支架栽培。豌豆既可以用嫩的豆角和豆粒烹调，也可以用幼嫩小苗烹调，甚至豌豆芽。毛豆和蚕豆，也可以用芽菜。

葱蒜类蔬菜：大葱、大蒜、洋葱、韭菜等。大蒜又有蒜苗、蒜薹、蒜黄等；韭菜又有韭黄、韭菜薹、韭菜花等。

绿叶蔬菜：这类蔬菜以嫩叶片、叶柄和嫩茎为食用产品，如芹菜、茼蒿、莴苣、苋菜、落葵、蕹菜、冬寒菜、菠菜、雪里蕻等。

薯芋类蔬菜：这类蔬菜的食用器官富含淀粉，是植物的块茎或块根，如马铃薯、芋头、山药、姜、草石蚕、菊芋、豆薯等。

水生蔬菜：这类蔬菜适于在池塘及沼泽地栽培或野生，如藕（荷藕）、茭白、慈姑、荸荠、菱角、芡实等。

多年生蔬菜：这类蔬菜是多年生植物，产品器官可以连续多年收获，如金针菜、石刁柏、百合、竹笋、香椿等。

食用菌类：真菌类植物，其子实体或菌核供食用，如蘑菇、香菇、草菇、木耳、银耳、猴头菌、竹荪等。

芽菜类蔬菜：这是一类新开发、种类还在不断增加的蔬菜，如豌豆芽、荞麦芽、苜蓿芽、萝卜芽以及绿豆芽、黄豆芽等早广泛应用的芽菜。有时也将枸杞芽、柳芽、香椿芽列入芽菜类。

野生蔬菜：现在较大量采集的野生蔬菜有蕨菜、发菜、荠菜、苦买菜等；有些野生蔬菜已逐渐栽培化，如苋菜、地肤（扫帚菜）等。

各类常见的特色蔬菜如下：

1.8.1 助瘦的淀粉类蔬菜

南瓜 [*Cucurbita moschata* （Duch. ex Lam.） Duch. ex Poiret]：又称麦瓜、番瓜、倭瓜、金瓜、饭瓜、中国南瓜等。南瓜富含 β 胡萝卜素，是瓜类之冠，进入人体后转换成维生素 A，且富含茄红素、维生素 C 和维生素 E，可帮助降血脂，能提高减重期间的抗氧化能力。南瓜富含果胶，与其他淀粉类食物一起吃，能减缓碳水化合物的吸收，且果胶也会在肠道内形成一种凝胶状物

质，延缓肠道的消化吸收，控制血糖。另外，南瓜中含有的锌可促进胰岛素分泌，加强葡萄糖代谢。南瓜的果肉和种子均可食用，花也可以食用。

芋头［*Colocasia esculenta*（L.）Schoot］：又称芋、芋芳，天南星科植物的地下球茎，形状和肉质因品种而异，通常食用的为小芋头。由于芋头的淀粉颗粒小，仅为马铃薯淀粉的1/10，其消化率可达98.8%。芋头富含膳食纤维，可吸附胆酸，加速胆固醇代谢，也可促进肠胃蠕动，并增加饱食感，延缓血糖上升。芋头的含钾量比其他根茎类食物要高，常吃有助身体排出多余的钠，降低血压。

1.8.2 "去油"的减肥蔬菜

黄瓜（*Cucumis sativus* L.）：又称胡瓜、刺瓜、王瓜、勤瓜、青瓜、唐瓜、吊瓜。黄瓜具有除热、利水利尿、清热解毒的功效，主治烦渴、咽喉肿痛、火眼、火烫伤等。黄瓜所含的细纤维素，能促进肠道排出食物废渣，从而减少胆固醇的吸收。黄瓜中还含有丙醇二酸，可以抑制体内糖类转变成脂肪，具有减肥和调整脂质代谢的功效。黄瓜皮所含营养素丰富，亦可保留生吃。

茄子（*Solanum melongena* L.）：又称矮瓜、白茄、吊菜子、落苏、茄子、紫茄。根、茎、叶入药，为收敛剂，有利尿之效，叶也可作麻醉剂。种子为消肿药，也用作刺激剂，但容易引起胃弱及便秘。果可供蔬食，生食可解食用菌中毒。茄子含有多种维生素，特别是紫茄中含有较多的维生素 P，能增强细胞黏着性，提高微血管弹性。医学研究表明，茄子能降低胆固醇，还能防止高脂血症引起的血管损害，可辅助治疗高血压、高脂血、动脉硬化等病症。

香菇〔*Lentinus edodes*（Berk.）Sing〕：又称花菇、香蕈、香信、香菌、冬菇、香菰，是一种生长在木材上的真菌。香菇是世界第二大食用菌，也是我国特产之一，素有"山珍之王"之称，是高蛋白、低脂肪的营养保健食品。香菇具有消食、去脂、降压等功效。其中所含的纤维素能促进胃肠蠕动，防止便秘，减少肠道对胆固醇的吸收。香菇还含有香菇嘌呤等核酸物质，能促进胆固醇分解。常食香菇能降低总胆固醇及甘油三酯。香菇中的脂肪富含脂肪酸，对人体降低血脂有益。

冬瓜［*Benincasa hispida*（Thunb.）Cogn.］：又称白瓜、白东瓜皮、白冬瓜、白瓜皮、白瓜子、地芝、东瓜。冬瓜果实除作蔬菜外，也可浸渍为各种糖果；果皮和种子药用，有消炎、利尿、消肿的功效。冬瓜含有丰富的蛋白质、碳水化合物、维生素以及矿质元素等营养成分。常食冬瓜对动脉硬化、冠心病、糖尿病均有良好的疗效，治疗水肿腹胀，效果尤为显著。冬瓜不含脂肪，膳食纤维高达 0.8%，营养丰富而且结构合理。

洋葱（*Allium cepa*）：又称球葱、圆葱、玉葱、葱头、荷兰葱、皮牙子等。洋葱含有前列腺素 A，能降低外周血管阻力，降低血黏度，可用于降低血压、提神醒脑、缓解压力、预防感冒。另外，洋葱还能清除体内氧自由基，增强新陈代谢能力、抗衰老、预防骨质疏松，是适合中老年人的保健食物；此外，洋葱含有环蒜氨酸和硫氨酸等化合物，有助于血栓的溶解。洋葱几乎不含脂肪，故能抑制高脂肪饮食引起的胆固醇升高，有助于改善动脉粥样硬化。

大蒜（*Allium sativum*）：又称蒜、蒜头、独蒜，属百合科葱属，以鳞茎入药。大蒜含有维生素 B_1、维生素 B_2、维生素 PP、蒜素、柠檬醛以及硒和锗

等微量元素，含挥发油约 0.2%，油中主要成分为大蒜辣素，是大蒜中所含的蒜氨酸受大蒜酶的作用水解产生，能降低血清总胆固醇，大蒜素的二次代谢产物甲基丙烯三硫能预防血栓。大蒜还含多种烯丙基、丙基和甲基组成的硫醚化合物等。大蒜防癌功效最主要体现在消化道系统发生的癌症，如食管癌、胃癌等。与此同时，大蒜中的含硫和含硒化合物对抗其他肿瘤有积极意义。

芹菜（*Apium graveolens* L.）：又称芹、旱芹、香芹、蒲芹、药芹菜、野芫荽，属伞形科植物，有水芹、旱芹两种，功能相近，药用以旱芹为佳。旱芹香气较浓，又称"香芹"。芹菜叶茎中还含有药效成分的芹菜苷、佛手苷内酯和挥发油，具有降血压、降血脂、防治动脉粥样硬化的作用；对神经衰弱、月经失调、痛风、肌肉痉挛也有一定的辅助食疗作用；它还能促进胃液分泌，增加食欲。特别是老年人，由于身体活动量小、饮食量少、饮水量不足而易患大便干燥，经常吃点芹菜可刺激胃肠蠕动利于排便。

1.8.3　防癌抗癌的蔬菜

胡萝卜（*Daucus carota* L. var. *sativa* Hoffm.）：胡萝卜含有的胡萝卜素在体内可转化为维生素 A。维生素 A 具有防癌抗癌作用。胡萝卜还含较多的叶酸，而叶酸亦有抗癌的作用。所含有的木质素能提高生物体的免疫能力，从而间接地抑制或消灭体内的致癌物质和癌细胞。此外，胡萝卜中的钼也防癌抗癌。

　　花椰菜（*Brassica oleracea* L. var. *botrytis* L.）：花椰菜的防癌作用首先在于其含有的吲哚类物质，它能降低人体内雌激素水平，可预防乳腺癌发生；而吲哚类衍生物如芳香异硫氰酸、二硫酚酮等，可抵抗苯并芘等致癌物质的毒性。此次，花椰菜中含有一种酶类物质——萝卜子素，能使致癌物失活，可减少胃肠及呼吸道癌的发生，因此营养医学认为，患有胃病尤其是具有乳腺癌家族史的女性，多食花椰菜可以预防胃癌、乳腺癌的发生。花椰菜中还含有较多的纤维素、维生素C、胡萝卜素、微量元素，它们均有防癌作用。花椰菜还可预防前列腺癌。美国的研究发现，食用十字花科的蔬菜会降低男性患前列腺癌的风险。不过，食用花椰菜必须依靠咀嚼才能使它的抗癌作用发挥出来。

　　芦笋（*Asparagus officinalis* L.）：又称石刁柏、龙须菜、南荻笋、荻笋、露笋，含有多种抗癌营养成分。首先，它富含一种能有效抑制癌细胞生长的组织蛋白；其次，芦笋中大量的叶酸、核酸、硒和门冬酰胺酶，能很好地抑制癌细胞生长，防止癌细胞扩散；第三，也是最重要的一点，即芦笋提取物能促使癌细胞DNA双链断裂，这就使芦笋抗癌具有了科学家最希望的选择性：既可以直接杀灭癌细胞，对正常细胞又没有副作用。

番茄（*Lycopersicon esculentum* Mill.）：番茄含丰富的番茄红素，具有独特的抗氧化能力，能清除自由基，保护细胞，使脱氧核糖核酸及基因免遭破坏，阻止癌变进程。其细胞素的分泌，能激活淋巴细胞对癌症细胞的溶解作用。吃番茄可降低多种癌症风险，除了对前列腺癌有预防作用外，还能有效减少胰腺癌、直肠癌、喉癌、口腔癌、肺癌、乳腺癌等的发病危险。研究显示，番茄汁、番茄酱等番茄制品也具有抗癌的潜力。

1.8.4　抗病野菜

安神作用的蕨菜（*Pteridium aquilinum*（L.）Kuhn var.*latiusculum* (Desv.) Underw. ex Heller）：又称拳头菜、猫爪、龙头菜、鹿蕨菜、蕨儿菜，是常见野菜之一。蕨菜叶呈卷曲状时，说明比较鲜嫩，老之后叶片会舒展。蕨菜的食用部分是未展开的幼嫩叶芽，经处理的蕨菜口感清香滑润，再拌以佐料，清凉爽口，是难得的上乘酒菜，还可以炒吃，加工成干菜，做馅，腌渍成罐头等。

防治糖尿病的马齿菜（*Portulaca oleracea* L.）：又称马齿苋、蚂蚁菜、瓜米菜、长寿菜。一般为红褐色，叶片肥厚，为长倒卵形，因为样子像马齿而得名。马齿菜含有丰富的蛋白质、多种维生素、钙、铁、磷等各种营养物质。

对肝有好处的蒲公英（*Taraxacum mongolicum* Hand. – Mazz.）：又称婆婆丁、黄花苗、黄花地丁、黄花郎、木山药、浆薄薄、补补丁、奶汁或苦菜等。春、夏、秋三季，田野、路旁、山坡，以及房前屋后，均有蒲公英生长。蒲公英的花粉里含有维生素、亚油酸，枝叶中则含有胆碱、氨基酸和微量元素。

抑制白血病的苣荬菜（*Sonchus arvensis* Linn.）：药名败酱草，异名女郎花、鹿肠马草，又称天香菜、荼苦荬、甘马菜、老鹳菜、无香菜等，因其叶似蛇形，山东也叫蛇虫苗。苦菜是药食兼用多年生草本植物，味感甘中略带苦，可炒食或凉拌。晒干的苦菜富含钾、钙、镁、磷、钠、铁、锰、锌、铜等元素。

补虚健脾的荠菜（*Capsella bursa-pastoris*（Linn.）Medic.）：又称护生草、地菜、地米菜、菱闸菜等，十字花科，荠菜属，1～2年生草本植物。荠菜生长于田野、路边及庭园，人们经常能看到星星点点的白色荠菜花。

降血压的水芹菜（*Oenanthe javanica*（Bl.）DC.）：又称水芹、河芹、细本山芹菜、牛草、楚葵、刀芹、蜀芹、野芹菜等。水芹属伞形科水芹菜属，多年水生宿根草本植物。水芹的茎是中空的，叶子呈三角形，花是白色，主要生长在潮湿的地方，比如河边和水田。

1.9 常见药用植物

药用植物是指医学上用于防病、治病的植物，其植株的全部或部分供药用或作为制药工业的原料。广义而言，可包括用作营养剂、某些嗜好品、调味品、色素添加剂以及农药和兽医用药的植物资源。药用植物种类繁多，常见的有：人参、三七、大黄、大蓟、天冬、天麻、元胡、元参、丹参、党参、甘草、艾叶、石斛、龙葵、白芨、白术、玄参、半夏、地榆、百合、当归、红花、麦冬、芦荟、杏仁、杜仲、沙参、枸杞、重楼、何首乌、桔梗、柴胡、桑叶、黄芩、黄连、黄精、菖蒲、麻黄、雄黄、薄荷、紫苏、茯苓、五味子等。

1.9.1 人参（*Panax ginseng* C. A. Mey.）

人参又称人街、神草、鬼盖、土精，为五加科植物的干燥根。栽培者为"园参"，野生者为"山参"，多于秋季采挖。园参经晒干或烘干，称"生晒参"；山参经晒干，称"生晒山参"。

人参大补元气、复脉固脱、补脾益肺、生津、安神，可用于体虚欲脱、肢冷脉微、脾虚食少、肺虚喘咳、津伤口渴、内热消渴、久病虚羸、惊悸失眠、阳痿宫冷、心力衰竭、心源性休克等。

1.9.2　灵芝（*Ganoderma lucidum* Karst.）

　　灵芝又称三秀、茵、芝、灵芝草、木灵芝、菌灵芝，为多孔菌科真菌灵芝、紫芝等的子实体。

　　灵芝用于益气血、安心神、健脾胃，主治虚劳、心悸、失眠、头晕、神疲乏力、久咳气喘、冠心病、矽肺、肿瘤等。

1.9.3　雪莲花（*Saussurea involucrata*（Kar. et Kir.）Sch.－Bip.）

　　雪莲花又称雪莲、雪荷花，雪莲花为菊科植物大苞雪莲花的带花全株。

　　天山雪莲花用于温肾助阳、祛风胜湿、活血通经，主治阳痿、腰膝软弱、风湿痹痛、妇女月经不调、闭经、宫冷腹痛、寒饮咳嗽等。

1.9.4　何首乌［*Fallopia multiflora*（Thunb.）Harald.］

　　何首乌又称首乌、地精、赤敛、陈知白、红内消、马肝石、疮帚、山奴、山哥、山伯、山翁、山精、夜交藤根、黄花污根、血娃娃、小独根、田猪头、赤首乌、山首乌、药首乌、何相公，为蓼科植物何首乌的块根。

　　何首乌用于养血滋阴、润肠通便、截疟、祛风、解毒，主治血虚头昏目眩、心悸、失眠、肝肾阴虚之腰膝酸软、须发早白、耳鸣、遗精、肠燥便秘、久疟体虚、风疹瘙痒、疮痈、瘰疬、痔疮等。

1.9.5 冬虫夏草（*Stachys geobombycis* C. Y. Wu）

冬虫夏草又称中华虫草，是中国历史上传统的名贵中药材，由肉座菌目蛇形虫草科蛇形虫草属的冬虫夏草菌寄生于高山草甸土中的蝙蝠蛾幼虫，使幼虫身躯僵化，并在适宜条件下，夏季由僵虫头端抽出长棒状的子座而形成，即冬虫夏草菌的子实体与僵虫菌核（幼虫尸体）构成的复合体。冬虫夏草主要产于中国大陆青海、四川、云南、甘肃和贵州及西藏等省、自治区的高寒地带和雪山草原。

冬虫夏草首次记载使用是清代吴仪洛《本草从新》，书中认为冬虫夏草性味甘温，功能补肺益肾、化痰止咳，可用于久咳虚喘，产后虚弱、阳痿阴冷等"虚"的病症。据研究，冬虫夏草主要含有冬虫夏草素、虫草酸、腺苷和多糖等成分；冬虫夏草素能抑制链球菌、鼻疽杆菌炭疽杆菌等病菌的生长，又是抗癌的活性物质，对人体的内分泌系统和神经系统有好的调节作用；虫草酸能改变人体微循环，具有明显的降血脂和镇咳祛痰作用；虫草多糖是免疫调节剂，可增强机体对病毒及寄生虫的抵抗力。

第2章 >>>

代表性大田农作物、经济作物与药用植物栽培技术

2.1 禾谷类作物

2.1.1 水稻

目前的水稻生产，既有传统的人工种植方式，也有高度机械化的种植方式，但均包括以下步骤：

(1) 整地 种稻之前，须先将稻田的土壤翻过，使其松软，可细分为粗耕、细耕和耖平3个过程。过去主要用水牛和犁具犁田整地，当今多用机器整地。

(2) 育苗 历来的水稻栽培中，一般先选一块稻田做好秧田，作为苗床进行培育秧苗；目前的轻简化栽培中，则大多集中由专门的育苗中心采用育苗箱育苗，质量好的壮秧是种稻成功的关键。秧龄对根系生长、返青快慢、分蘖能力等影响很大，应控制好秧龄。一般当秧苗长至苗高8 cm左右时，就可以适期移栽。

(3) 移栽 即将秧苗间格有序地移栽入大田。传统的插秧移栽法，常用秧绳或秧标作记号。目前的水稻插秧，采用插秧机越来越多，但在土地不平整、形状不规则的稻田中，还是需要适当的人工插秧补栽。栽秧深度以浅为贵（1～1.5 cm薄水），浅插有利于分蘖、成穗、高产。栽插密度要适宜，过稀或过密都不利于高产，应结合品种特性、土壤肥力、育秧方式、移栽秧龄、栽插深度、每穴株数等综合确定。

(4) 施肥 水稻生长要经历分蘖、拔节、抽穗和成熟等各个生育阶段，需要科学施肥，让稻苗健壮的成长，保证产量和品质。水稻施肥量可根据预期产量、水稻对养分的需要量、土壤养分的供给量以及所施肥料的养分含量和利用率进行计算。施肥期可分为基肥、分蘖肥、穗肥、粒肥4个时期。各个时期的施肥时间和分配比例如下。基肥在水稻移栽前施入土壤，占施肥总量的40%，结合最后一次耙田施用；分蘖肥是增加株数的重要时期，在移栽或插秧后半个月时施用；穗肥，分为促花肥和保花肥。促花肥是在穗轴分化期至颖花分化期

施用以增加每穗颖花数。保花肥是在花粉细胞减数分裂期稍前施用，具有防止颖花退化和增加茎鞘贮藏物积累的作用；粒肥具有延长叶片功能、提高光合强度、增加粒重、减少空秕粒的作用。尤其群体偏小的稻田及穗型大、灌浆期长的品种，建议施用少量的尿素，但切不可偏氮，以免贪青晚熟。

（5）灌水　水稻生长的大部分时间都需要灌水，仅在成熟待收获时不需要灌水。水稻合理灌溉的原则是：深水返青，浅水分蘖，有水壮苞，干湿壮籽。

（6）除草防病治虫　水稻生长过程中尤其要防治各种病虫害。水稻病虫害以预防为主，选用高效、低毒、低残留生物物理防治，确保产品质量和安全。采取一保一宽三严的原则，即注意保护害虫天敌，适当放宽防治标准，不滥施农药，严格农药种类，严格施药时间，严格用药数量。水稻栽插后5～7 d，及时选用高效低残留除草剂进行化学除草。

（7）收获　当稻穗垂下、金黄饱满时，就可以收获。过去是农民一束一束用镰刀割下，再扎起，尔后利用打谷机使稻穗分离；现代则用收割机，将稻穗卷入后，直接将稻穗与稻茎分离，一个个稻穗就成为稻谷。

（8）干燥　收获后的稻谷仍需筛选干燥。过去是采用自然晒谷，需时时翻动以让稻谷更快干燥，现在可以利用大型烘干设备集中干燥处理。筛选则是将空粒、瘪谷等杂质删掉，采用风车、电动分谷机或手工抖动分谷，利用风力将饱满有重量的稻谷自动分筛出来。

2.1.2　玉米

玉米采用育苗移栽技术，可以抗旱早播、解决两季茬口矛盾造成的节令偏紧问题。要做好，须注意以下关键技术：

（1）地点选择　育苗地的选择必须以水窖、库塘、水池、水井及自然水附近育苗为好，有利于播种后一次性齐苗及有足够的保苗水。选择背风向阳之地，背风是有利于增温、保墒，促进幼苗健壮生长。

（2）苗床培肥　苗床地一般选择在土壤肥沃、疏松、水源方便、离种植玉米较近的田块。一般每亩*施复合肥 20 kg、普通磷酸钙 30～40 kg、硫酸钾 5～8 kg、硫酸锌 2～2.5 kg，混匀后施于墒面并用浅锄入土，以免烧芽、烧苗现象出现。注意苗床要在育苗前一周准备好。

（3）育苗方式　采用散子育苗。平整墒面后，浇透苗床水，要求在15 cm的土层内吸透水，待墒面无积水时下种。播种密度掌握在5 cm左右播1粒种，做到均匀下种，均匀覆盖营养土，再在墒面上覆盖稻草或松毛，然后浇水盖膜。

（4）适时播种　育苗播种时间要与大田移栽时间相衔接，育苗过早苗龄

---

* 亩为非法定计量单位，1亩≈667m²，余同。——编者注

大，移栽后生长不好，影响产量；育苗过迟，达不到提早节龄的目的。因此，适期播种，应根据移栽时间确定育苗播种时间。最佳移栽叶龄控制在2.5～3.0叶期，移栽后及时浇透水。

（5）苗床管理　主要控制好温度和湿度。出苗前至二叶期，重点是保温，膜内温度通常控制在20～25℃，若超过30℃，要揭开膜的两端通风降温；膜内湿度掌握泥土不发白，如苗床表土发白，要揭膜浇水，并及时盖严，常保持土壤湿润。二叶期至炼苗前，重点是防止幼苗徒长，控制床内温度，保持在20℃左右，并经常喷水保持土壤湿润。移栽前7d左右，中午打开两头薄膜炼苗，下午关闭薄膜。移栽前1d浇足水，以利取苗。

（6）适时移栽，合理密植　移栽苗龄一般以2叶1心期至3叶1心期为宜，最迟不要超过4叶1心期，移栽的关键是保护根系，缩短缓苗期，提高成活率。移栽时，按苗大小、强弱分级，分片移栽，并实行定向移栽，南北开沟，东西定向，叶片与行向垂直，移栽深度以齐茎上绿白分界处为佳。栽后随即浇定根水，使根土自然紧密，并覆盖地膜，以减少蒸发。缓苗后，再浇一次返青水，并及早追提苗肥，促使发根壮苗。移栽密度，宽窄行定植，大行0.8m，小行0.4m，株距0.25m，保证每亩株数4 400株。

（7）大田管理　移栽成活后，大田管理以肥为主，根据玉米不同生育时期需肥的特点，采用早提苗、中攻穗、后补粒的施肥技术，辅以病虫害防治措施是提高玉米籽粒产量的关键措施。

配方施肥：亩施腐熟农家肥2 000kg、普钙50kg、尿素10kg、硫酸钾10kg（或N∶P∶K=10∶10∶5的复合肥50kg）作底肥，玉米6～7叶时每亩施10～15kg尿素作提苗肥；大喇叭口期亩追30kg尿素作攻苞肥；粒肥酌施，一般在抽雄后亩追施尿素5kg，以保证籽粒发育的需要。

病虫害防治：根据各生育时期认真抓好地下害虫、蚜虫、玉米螟、黏虫、灰斑病、大斑病、小斑病等的综合防治。

2.2　豆类作物

2.2.1　大豆

大豆对土壤条件的要求不严格。沙质土、沙壤土、壤土、黏土均可种植大豆，以壤土最为适宜，pH宜在6.5～7.5，以利于根瘤菌的繁殖和发育。大豆通常轮作或间套作，最忌连作。大豆栽培技术要点是轮作与间作、深耕施肥与整地、密度与播种方式、田间管理等。

（1）轮作与间作　大豆最忌重茬，原因是大豆根群分泌一种酸性有毒物质。连作使大豆缺钼，养分单一，而且氮素过多还会阻碍磷钾的吸收。另外大豆的病虫害有专一性，连作加重病虫危害。轮作或间套种，可以互补，有利丰产。在轮作过程中，大豆播种前增施有机肥或借助前茬的后效使不利因素降到最低。

（2）深耕施肥与整地　春播大豆在播种前需深耕整地并结合施有机肥。夏大豆可利用前茬深耕施肥的后效，但播种前也要浅耕灭茬，为大豆生长创造一个良好的环境。

机械深施肥：在一般平川岗地，肥种分开，施于种侧下 4～5 cm，化肥用量可以调节。每亩施磷酸二铵 20 kg 以上时，可分层施入：上层种肥深度5～7 cm，施肥量占 1/3；底肥深度 10～16 cm，施肥量占 2/3。

翻前施底肥：在春翻或伏秋翻的地块，作物收后，把发酵好的有机肥均匀的撒施于地表，然后用耙将肥料耙入土中，粪土充分混合后进行深翻，翻后耙平耢细起垄。

细致整地：根据前茬作物进行深翻，深度 22～25 cm，作业时不起大土块，不出明条、垡块，要扣严、不重、不漏。耕垄直，100 m 内直线误差不超过 20 cm，地表 10 m 内高低差不超过 15 cm。耙耢结合，达到平整细碎，10 m 宽幅内高低差不超过 3 cm，1 m^2 内直径 3～5 cm 土块不超过 10 个。耙深 10～15 cm。要求地头齐，不出三角抹斜。起垄要直，50 m 长直线误差不超过5 cm，垄距误差不超过±1 cm，垄台误差不超过 3 cm，垄幅误差在 3 cm 以内，起垄后镇压。

（3）适期播种　夏播大豆在小麦收获后，只要墒情适宜即可播种。最佳播期为 6 月 10～25 日，最晚不能迟于 7 月上旬。

（4）田间管理

锄地与中耕：第 1 片复叶前锄头遍地，做到锄净苗眼草，不伤苗，松表土；苗高 10 cm 左右时，进行第 2 次中耕，做到不伤苗，不压苗，不漏草；第 2 次中耕后 10 d 左右，进行第 3 次，要做到深松不翻土。

苗前、苗后除草：利用生产上常用的广谱性除草剂去除豆田的多种禾本科杂草和阔叶杂草时，要特别注意对后茬作物的药害。

（5）病虫害防治　常见病害有细菌性斑点病、叶烧病、霜霉病、花叶病等，主要是以防为主，如选用抗病耐病品种，使用无病种子，特别是实行合理轮作换茬等措施。常见虫害有：蚜虫、大豆食心虫、豆荚螟等。

2.2.2　蚕豆

蚕豆生产要坚持轮作换茬。一般可采取蚕豆与小麦、油菜三年一轮的种植方法。高产栽培的关键技术如下：

（1）精细整地　蚕豆是深根系作物，播种前进行精细整地，可使土壤松软，有利于根系扩展和根瘤的形成。

（2）根瘤菌接种　播种前用根瘤菌接种，可提高产量。接种方法有土壤接种和种子接种。土壤接种是从上年种过蚕豆的地上运约 50 kg 的表土，于播种时均匀撒在播种沟内。种子接种是在播种时将根瘤菌粉加水稀释，再与种子拌匀即可播种，并随播随盖土，以免根瘤菌被阳光直射杀死。

（3）播种时间　蚕豆在不同地区的种植时间不一，种植方法也不尽相同。南方稻田种植冬蚕豆的时间，应在水稻收割后抢时播种，长江沿岸播种时间为寒露到霜降之间，华南双季稻地区在小雪前后，北方一般在春季解冻之后及时播种。

（4）播种密度　播种密度应根据栽培目的、品种特性、土壤肥力和施肥水平等因素而定。一般收取籽粒的比作青饲料或绿肥的宜稀些，生长期长、植株高、分枝多的品种较生长期短，植株矮小的宜稀些，土壤肥力低、施肥水平低的宜密些。通常大粒种基本苗每亩 1 万～1.3 万株，小粒种 2.4 万株左右，亩播种量 10～12 kg。

（5）田间管理

苗期管理：苗期根据苗情以控水或灌水的方式达到苗齐、苗匀、苗壮，胶黏泥豆田，播种后要及时盖草保温保湿。

中期管理：做好病虫害的预测预报工作，及时防治病虫草鼠危害，做好水分管理，进行田间整枝间苗，拔出瘦弱植株和病株，保证群体健康生长。

后期管理：保证灌浆期对水分的需求，使土壤含水量保持在 20%～25%，低于 18%，必须立即灌水。高产田块和迟熟田块，终花散尖期进行打顶摘芯，利于通风透光，增粒重，促早熟。

（6）合理施肥　播种后亩盖优质厩肥 1 500～2 000 kg 或盖适量稻草，在豆苗 2.5～3 叶期施普钙 30 kg，硫酸钾 10～15 kg。

（7）防旱防涝　蚕豆对水分很敏感，既怕旱又怕涝。若田间排水不良，则根系发育不良，且易发生立枯病和锈病；如遇干旱，尤其开花结荚期，对产量影响更严重。因此，应根据生长需要，及时排灌，确保丰收。

（8）适时收获　蚕豆成熟，自下部豆荚开始。若采收青豆作蔬菜用，可自下而上分 3～4 次采收。若采收老熟籽粒，应待大部分植株中下部豆荚变黑一次采收。收摘完后的蚕豆鲜株要及时翻沤，以保持养分。

2.3　薯类作物（马铃薯）

世界各地马铃薯的栽培技术因地理气候条件不同而异。为避免切刀传染病毒和环腐病，主要利用块茎进行无性繁殖。马铃薯高产栽培技术如下：

（1） **整地备播** 选择土壤肥沃的沙壤土和两合土种植，在前茬收获后，及时灭茬翻耕，并结合整地，一般每亩施有机肥 5 000 kg 左右，磷肥 25～50 kg 或磷酸二铵 50 kg。

（2） **播前切块催芽** 以每千克种薯切 50 块为宜，切好的薯块应先用井水冲洗几次，再用 50% 的多菌灵 500 倍液加入 1 000 倍农用链霉素浸种 15 min，然后捞出晾干催芽。在播种前 20 d 左右，将切好浸过的薯块埋入湿润的沙土内催芽，温度保持在 15℃ 左右，待芽长到 2 cm 时，即可播种。

（3） **适时播种，合理栽植** 要适时整地施肥播种，使马铃薯的整个生育期处于相对冷凉、气温较低的季节，使薯块形成和膨大避开高温时期。2 月底到 3 月上旬播种，5 月底到 6 月中旬收获，播种时实行地膜覆盖，采取行距 60 cm、株距 25 cm 的方式种植，每亩 4 000～4 500 株。一般培土厚度不低于 12 cm。若播种时覆土厚度不足，出苗后随苗生长培土 1～2 次。覆土太薄，地温变化剧烈，匍匐茎易窜出地面。

（4） **浇水施肥** 一般是以 "有机肥为主，化肥为辅，重施基肥，早施追肥" 为原则。马铃薯生长期间需要水肥最多的是开花期，而此时也正是气温升高、降雨增多的季节，同时也是有机肥逐渐熟化、腐解后释放养分的阶段，这也是重施基肥的目的。基肥以优质有机肥为主，坚持有机肥与三要素化肥配合施用，其中三要素化肥的用量应以全生育期用量的 2/3 作基肥，留下 1/3 作追肥。显蕾以后浇水施肥，促进地下部分生长。一般 4 月上、中旬进行中耕追肥。每亩用碳酸氢铵 40～50 kg 施入沟内，4 月下旬至 5 月初进行培土、浇水，5 月中旬进行第 2 次培土和浇水，收获前 10 d 不浇水，以防田间烂薯。

2.4 油料类作物（油菜）

油菜的种植方法有直播或育苗。北方多采用直播，南方则以育苗为主。大面积种植多用直播，小面积多为育苗。油菜直播高产栽培技术如下：

（1） **适期精细播种** 早春露地油菜适期播种非常重要，播种过早，受外界低温条件影响，容易造成寒害、沤根、烂根、抽薹的现象。播种过晚，会造成上市推迟、产品质量差。一般 3 月下旬播种，亩用种量约 350 g。播种前，视土壤墒情浇水造墒，待水渗后播种。播种时，1 m 宽的畦开 5 条沟，沟深 1.5～2 cm，将种子均匀播在沟内。露地生产采用直播方式，需适当加大密度弥补个体发育的不足，同一品种在相同条件下比移栽增加 30% 的总株数，每亩平均 9 000～12 000 株（穴）。

（2） **清沟排渍** 春季雨水较多地区要注意排水，渍水不仅严重影响油菜的正常生长发育，还易导致菌核病等病害发生和流行。因此，春季应特别重视油菜田清沟排渍，尤其是山区的冷浸田和一些排水不畅的田块。

（3）施足基肥　一般情况下，亩施优质充分腐熟的农家肥 3 000～5 000 kg、磷酸二铵 20～25 kg、硫酸钾 10～15 kg 或 45% 的三元复混肥 40～50 kg。

（4）喷施硼肥　土壤普遍缺硼，油菜缺硼会导致花而不实和返花现象，因此要注意喷施硼肥。硼肥施用方式有 3 种：底施、追肥或叶面喷施。对无基施硼肥的，在蕾薹期和始花期进行叶面喷施；对土壤严重缺硼而无底施硼肥的，在油菜苗期应喷施 1 次硼肥。喷施一般每亩用硼砂 100 g，用温水溶解后，兑水 50 kg 左右喷施。

2.5　纤维类作物（棉花）

棉花高产栽培技术如下：

（1）种子处理　一般在播种前 15 d 进行晒种。采用温汤浸种促进种子萌发出苗，以达种子本身风干重量的 60%～70%、种皮发软、子叶分层为宜。采用含有一定数量的杀菌剂、杀虫剂及适量的植物生长调节剂等药剂拌种。

（2）适期播种　一般在 5 cm 地温 5 d 稳定通过 14 ℃时，就是棉花的播种时期。播种量，应根据播种方式、发芽率高低、留苗密度及土壤墒情状况而定。条播，每亩需毛籽种子 5～6 kg。点播或穴播，毛籽每穴 3～5 粒，每亩需种子 3～4 kg；脱绒包衣种子每穴 2～3 粒，每亩需要种子 1.5～2 kg。

（3）株行距合理　等行播种，低肥水田 60～70 cm，中肥水 70～80 cm，高肥水 80～90 cm；亩株数，低肥水田 3 000 棵左右，中肥水 2 500 株左右，高肥水 2 000 棵左右。

（4）整枝打顶　每年结合雨量多少、墒情湿干，掌握化控轻重，等行免整枝，大小行可定向整枝，去小行的枝、留大行的枝。3～5 个果枝及时打顶促进果枝生长，主茎约 7 月 15 日前后打顶，打顶后及时喷叶面肥，加速上部果枝生长，5～7 d 后喷棉花壮蒂灵溶液，与治虫药同时封顶。

（5）全程化控　棉花 7～10 片真叶可喷施壮茎灵溶液，能促根壮苗，减少虫害，在花蕾期、幼铃期、棉桃膨大期各喷 1 次棉花壮蒂灵溶液，整个生育期内灵活掌握，雨多地湿量要大，无雨地旱量要小，少量多次最好，最后化控在株高 1 m 左右最好。

（6）遇旱浇水　遇旱浇水以小为宜，水量过大，棉花植株易出现旺长；旱情严重，水量过大，转化生长素过多，浇水后出现落花、落蕾现象，浇水前先喷棉花壮蒂灵溶液，能有效控制浇水后旺长。

（7）治虫防病　危害棉花的害虫有棉铃虫、盲蝽、蓟马、白粉虱、棉叶螨、象甲等多种害虫。防治棉铃虫注意虫情预报，高峰期抓紧防治，盲蝽的习性昼伏夜出，打药上午 9 点前、下午 5 点后效果好。播种时用毒死蜱，与杀虫剂同时喷，防治地下虫害。喷施新高脂膜溶液可提高棉株对药的吸收利用，减少用药量。病以防为主。重病地块、播种时可用治棉病的药与新高脂膜拌种，出苗快、苗旺、病苗少，苗期定期喷治棉病的药。

2.6 药用植物

2.6.1 薏苡

（1）选地整地 适宜栽培烤烟的各类土壤均可种植薏苡，生产上常选用灌溉条件较好的河边沙质壤土田地种植薏苡。整地方法因种植的方法不同可分为两种：一是水栽法整地：与稻田整地相同，先灌水溶田，再用机械耕整或畜力犁耙耕整，整平后即可栽插；二是旱栽法整地：用人工、机械或畜力耕翻，起垄作畦，畦宽一般为 70～80 cm，沟宽 20～30 cm。

（2）种植方法 6 月中旬播种，苗床选择肥沃的菜园地，苗龄控制在 25～30 d。

水栽法：一般采用"双龙出海"的方式有水栽插，株行距为 15 cm×20 cm，每丛栽插 2～3 株苗，每隔 2 行留 30 cm 区隔，待田水自然落干后开沟，开沟深度为 15～20 cm，将开沟挖出的泥土培壅到畦上的植株基部。

旱栽法：在畦上开双排穴（株距 20 cm），每穴栽插 2～3 株苗，栽插时将穴内植株基部附近泥土适度压紧，晴天栽后应浇水保苗，每天 1 次，连浇 3 d。

（3）水分管理 以"湿—干—水—湿—干"相间管理为原则，即采用湿润育苗、干旱拔节、有水孕穗、足水抽穗、湿润灌浆、干田收获措施。

（4）辅助授粉 薏苡是雌雄同株的异穗植物，同一花序中雄花先成熟，与雌花不同步，往往需异株花粉受精，一般靠风媒完成授粉，在开花盛期的上午 10～12 时，以绳索等工具振动植株使花粉飞扬，对提高结实率效果明显。

（5）合理施肥 薏苡植株高大，需肥量大，耐肥性较强。施肥的方法和数量由薏苡的需肥特性和各地的施肥水平与习惯决定，应注意基肥和追肥的合理配比。一般基肥用量占 60%～65%，穗肥占 25%～30%，粒肥占 5%～10%。基肥以有机肥为主，在整地时每亩施入腐熟猪牛栏粪 1 500 kg。追肥可使用化肥，在栽后 7～10 d 每亩用碳酸氢铵 5 kg 兑水 500 kg 浇施提苗。在幼穗分化始期每亩用碳酸氢铵 15 kg（或尿素 6 kg）、过磷酸钙 10 kg、氯化钾 5 kg 兑水浇施或结合壅蔸穴施作穗肥，在抽穗始期每亩用尿素 2～3 kg、氯化钾 1.5 kg 浇施作粒肥。

2.6.2 番红花

番红花又称藏红花、西红花，是一种鸢尾科番红花属的多年生花卉。番红花药效奇特，因柱头中特有的天然色素和芳香物质，在高级食品、高档服饰和日化用品中应用历史悠久，是世界上公认的最昂贵的香料。国际市场价格每千克高达 2 000 美元，在伊朗素有"红色金子"之称。番红花原产于欧洲、地中海地区、小亚细亚和伊朗。国内番红花产地主要集中在上海崇明、江苏、浙江，而所有球茎基本来自崇明。

番红花的应用历史可追溯至公元 2 300 年前。中国药典曾有描述："活血化瘀，凉血解毒，解郁安神"，其柱头在亚洲和欧洲作为药用，有镇静、祛痰、解痉挛作用，用于胃病、调经、麻疹、发热、黄胆、肝脾肿大等的治疗。而现代药理研究已经证明它对改善心肌供血供氧等方面疗效显著，被中外医学界广泛应用于预防和治疗脑血栓、脉管炎、心肌梗死、血亏体虚、月经不调、产后淤血等疾病，女士长期服用还可美颜淡斑。

番红花高产栽培技术关键环节如下：

（1）选地、整地 番红花种植之前要选好土地，选择向阳、光照充足、土质肥沃、富含腐殖质的沙质中性壤土，排水良好的缓坡地或山坡田种植，忌连作。整平耙细作畦，作成宽 1.3～1.5 m，高 20 cm 的畦，横竖沟配套，待种。为防止"烧"根、烂根出现，基肥应在栽种前的一个月施入田里，每亩施农家肥 4 000 kg，过磷酸钙 40 kg 和菜籽饼 270 kg，深翻入土，耙匀。

（2）繁殖方法 番红花是三倍体，在我国罕见结实，因此生产上采用球茎繁殖。

直播法：一般在 8 月下旬至 9 月中旬进行。播种前，球茎应剔除侧芽，15 g 以下的球茎留一个顶芽，其余均用消毒的利刀剔除，25 g 以下的留顶芽 2 个，25 g 以上的留顶芽 3 个。剔芽后晾 2～3 d，促使伤口愈合。条播，在作好的畦上，株行距以球茎大小而定，30 g 以上球茎按 20 cm×14 cm，18～30 g 球茎按 15 cm×12 cm，18 g 以下球茎按 10 cm×10 cm，主芽向上，栽后覆土。

室内摘花和露地繁球法：8 月中旬以前，将 10 g 以上的球茎按大小分档，分别排放在室内的匾框里，分层上架，每层间隔 30 cm。有关设备可事先搭建，也可利用蚕室条件，严格掌握好室内的温度和湿度。待 80% 的花摘下后于 11 月中、下旬将球茎移入大田进行露地栽培，种植方法同直播法。

（3）室内和田间管理

室内管理：球茎在室内萌芽、开花全靠消耗自身的养分和水分，为防失水过多，室内应保持 80% 左右的空气相对湿度。湿度低时可适当洒水，但不宜过多，以防水流到下面根部。球茎萌芽后，还需调换匾框位置，使它们受光均匀。盛夏季节，尽可能保持阴凉，一般控制在 24～27 ℃，以利花芽分化，避免 30 ℃ 以上的持续高温，一般可在房屋南北面架设凉棚，并注意晴天中午前后关窗， 早晚打开门窗通风等方法调节室内温度。 此外， 在花芽伸长的同时， 未除尽的侧芽也会逐渐萌发， 应及时除去。

田间管理：

①浇水： 番红花需水量较大， 在整个生长期间， 尤其是开花和新球生长期间， 土壤湿度应保持在 70%~80%， 故应适时浇水。

②追肥： 花期过后或栽后半月左右要追施一次有机肥和草木灰， 以促使叶片生长。 翌春视苗情， 适当追肥。

③中耕除草： 除净杂草是田间管理的一项重要工作， 特别是 3 月后， 杂草生长较快， 应及时除草， 否则影响光合作用和生长发育。 同时要掰去残留的侧芽。 但 4 月以后不再锄草， 因为此后的田间杂草可起遮阳保湿作用， 有利于番红花的后期生长。 同时将继续萌发的侧芽抹掉。

④注意保墒： 番红花性喜湿， 在球茎更新过程中， 需要经常保持土壤湿润。 球茎开花后水分消耗大， 应及时浇水。 冬季和初春降水较少， 注意抗旱， 促进生长。 进入生长旺期， 要保持土壤水肥协调， 增强土壤的供肥力。

（4） 病虫害防治　　主要防治腐败病、 花叶病以及蚜虫、 蛴螬、 蝼蛄等。

（5） 采收与加工　　番红花室内和大田的花期均在 10 月中旬至 11 月上旬， 以每天 9~11 点开花最盛， 花朵色泽鲜艳。 室内不受天气影响， 可全天采花。 室外花朵在开的第 1 天 8~11 时采摘， 采晚了的柱头易沾上雄蕊花粉影响质量。 采后剥开花瓣， 取出雌蕊花柱和柱头， 以三根连着为佳。 摊于白纸上置通风处阴干， 量大可用烤箱 50~60℃烘 4 h 烘干， 避光干燥密闭贮藏待售。 一般 80 朵花可加工 1 g 干花， 每亩可收干花 1~2 kg。

2.6.3　铁皮石斛

铁皮石斛 （*Dendrobium officinale* Kimura et Migo） 是兰科草本植物。 铁皮石斛适宜在凉爽、 湿润、 空气畅通的环境生长。 原生于海拔达 1 600 m 的山地半阴湿的岩石上， 喜温暖湿润气候和半阴半阳的环境， 不耐寒。 主要分布于中国安徽、 浙江、 福建、 云南等地。 其茎入药， 属补益药中的补阴药， 益胃生津， 滋阴清热。

目前， 铁皮石斛主要采用组织快繁和分株扦插两种繁殖方法。 其中以组培苗生产栽培为主。

铁皮石斛组培技术：

（1） 取材消毒　　从铁皮石斛植株上切下长 2~5 cm 的幼嫩茎段， 在流水下冲洗， 用刷子蘸少许洗衣粉水溶液轻轻刷洗， 并经自来水充分洗净。 在超净工作台上将茎段放置在 75% 的酒精中消毒 30 s 后， 再用 0.1% 的 $HgCl_2$ 水溶液浸泡 8～10 min，无菌水冲洗 5～6 次。

（2）**诱导培养**　用解剖刀切下幼嫩茎段，接种在诱导培养基中进行培养。15～20 d 后，外植体开始萌动，茎段膨大，切面及顶部组织形成疏松组织。继续培养 20 d 后，转入继代培养基中，切面及顶部膨大组织的表面形成凹凸不平的颗粒物，培养直至颗粒物长大形成直径 1～2 mm 的类原球茎颗粒物。

（3）**增殖培养**　将原球茎转入到增殖培养基中，原球茎增殖倍数可达 3～4 倍，同时部分原球茎开始分化出芽点并长出 1～2 片小叶，原球茎的增殖与芽分化同时进行。

（4）**生根培养**　待增殖芽数量较多时，将高 1～2 cm、带有 2～3 片叶的小芽切下转入生根培养基上，进行生根培养。培养 30 d 左右，基部开始出现 2～3 条约 1 cm 长的白色根，随后逐渐伸长，生根率达到 90% 以上。

铁皮石斛组培苗驯化种植：

（1）**炼苗**　驯化前将生根培养的瓶苗移至炼苗房进行 2～3 周的炼苗，让瓶苗从密闭稳固的环境向开放变更的环境过渡，缓缓适应自然环境。等瓶苗成长健壮，叶色浓绿时出瓶种植。出瓶苗增殖代数在 10 代以内，选择苗高 3 cm以上，茎粗 0.2 cm 以上，茎有 3～4 个节间，长有 4～6 片叶，叶正常开展，叶色嫩绿或葱绿，根长 3 cm 以上，有 3～5 条根的植株出瓶移栽。

（2）**出瓶**　出瓶前先将瓶盖翻开，让瓶苗在室外空气中放 2～3 d，洗苗时将培养基与小苗一起掏出，整齐放置于盆中待荡涤，污染苗和裸根苗或少根苗分别放置。正常苗先用自来水洗去附着在根部的培养基，特别是洗净琼脂，以免琼脂发霉引起烂根。再用 0.01% 的高锰酸钾溶液浸泡 8～10 min，换自来水清洗 1 次，最好边洗边对小苗进行分级，驯化时针对不同级别的苗采用不同的管理办法，以便提高苗的成活率和培养出整齐一致的壮苗。

（3）**基质**　铁皮石斛的根为气生根，有明显的好气性和浅根性，因此，要求基质以蓬松透气、排水良好且能保肥，不易发霉、无病菌和害虫暗藏为宜，可以选择腐化松树皮为栽培基质。基质在使用前应高温消毒，将基质内部暗藏的虫卵和病菌杀死，减少日后栽培上病虫害发生的概率，基质含水量以 60%左右为宜，可增加 0.5% 三无复合肥（N：P：K＝15%：15%：15%）。

（4）**驯化**　铁皮石斛原产区大多处于温带和亚热带，全年气候温暖、潮湿，冬季气温都在 0℃ 以上。根据铁皮石斛喜暖和、潮湿、通风、干净、散射光环境的习性，切忌阳光直射或暴晒，在栽培过程中要营造条件最佳的生长环境，可选择通风条件好、遮光度 50%～60%、湿度达 80% 以上的温室。2 个月后，成活率可达 90% 以上。

2.7 常见香料类作物

2.7.1 分葱

分葱又称小葱、冬葱、四季葱，各地均有地方品种。葱色翠绿，香味浓，是浙江省必不可少的调味蔬菜。分葱生命力强，适应性广，温度适宜可以连续不断地多次分蘖，故名分葱，可一年四季生产上市。浙江省分蘖以春、秋两季为主。乡村多利用房前屋后零星栽培，也有采用盆栽；城郊则有成片栽培，批量提供。

栽培分葱的土壤，应选择疏松肥沃，有机质含量丰富，排水良好，保水保肥力的沙质壤土。黏性土，低洼地，贫瘠土不宜种植分葱。高产栽培技术如下：

（1）合理安排茬口　分葱一年四季均可栽培，但以春秋两季为主，随着设施栽培与间套作技术的推广，夏季栽培也有扩大趋势。春葱于上年 11 月至次年 1～2 月移栽，4 月初至 5 月中下旬采收，为提早上市可在移栽前铺盖地膜，实行地膜栽培。伏葱常于 5～6 月移栽，作越夏保种，用于秋季种苗，每平方米种苗可供 6～7 m² 种植。秋葱一般于 8 月初至 9 月中旬移栽，10 月中下旬至次年 1 月初陆续上市。冬季气温低，分葱生长缓慢，一般采用晚秋葱延迟采收的办法供应节日市场。

（2）精细整地做畦，规范移栽　分葱移栽应选择地势平坦、灌排条件好，土壤肥沃的田块，不宜多年连作，一般 1～2 年与大豆、玉米以及其他蔬菜作物进行换茬。前茬作物收获后随即翻耕、施肥，一般亩施腐熟厩肥或粪肥 2 000～2 500 kg，蔬菜专用肥 25～35 kg，施肥后精整细耙做畦，畦宽 2.0～2.5 m，沟宽 40 cm，沟深 15～20 cm。移栽时间根据茬口安排灵活掌握。移栽前将母株挖起，将根部过长的根须剪掉，用手将株丛拔开，拔开的分株应有茎盘与根须，移栽的株行距为 12～13 cm×13～15 cm。春葱、秋葱可适当稀植，每穴栽 2～3 株，深 2.5～3.0 cm，栽后及时浇好活棵水。

（3）科学施肥　葱株活棵后及时追施薄粪水或亩施尿素 5 kg 作促蘖肥。由于分葱吸收肥水的能力较弱，不耐浓肥与旱、涝，肥水必须少施、勤施。一般 12～15 d 追施 1 次，每次亩施尿素 5～8 kg，氯化钾 4～5 kg。施肥与浇水相结合，保持土壤湿润。收获前 15～20 d 增施氮肥，正常亩用尿素 15 kg，同时喷施喷施宝、壮三秋等生化制剂，以促进植株嫩绿。

（4）病虫害防治　分葱的病害主要有霜霉病、紫斑病、锈病、软腐病等。霜霉病、紫斑病可用百菌清、甲霜灵锰锌等防治，锈病、软腐病可用三唑酮、链霉素防治。

虫害主要有斜纹夜蛾、棉铃虫、葱蓟马、潜叶蝇和地蛆等，可因虫选用药剂防治。同时移栽前用乙草胺进行土壤处理，防治分葱杂草；在分葱生长期间注意防除禾本科杂草。

（5）适期采收、加工、保鲜　分葱栽后3～4个月株丛繁茂，达到采收标准时即可采收。采收前1d在田间适量浇些水，起好的葱株去枯、黄、病叶。大量的分葱集中上市，可采用保鲜、速冻、脱水等方法加工。保鲜的分葱要求除去根须和部分葱叶，用保鲜袋包装好，可装在纸箱内，置于0～1℃、相对湿度90%的条件下，能保鲜1～2个月；速冻的分葱要经过清理、清洗、切段、烫煮、冷却、快速冻结、包装、贮存等工序，将冻结的葱用薄膜食品袋包装好，放大纸箱内，贮存在－18℃以下的冷库内；脱水的分葱要经过清理、清洗、切片、烘干、分级分装等工序，将制成的葱片装入聚乙烯薄膜袋内，放在瓦楞纸箱后贮藏于恒温库内。

2.7.2　大蒜

大蒜以青蒜、蒜薹和蒜头供食用。用途广，可生食，炒食加工。加工制成的醋大蒜，可作早餐便菜外，又是防病治病的良药；精制提炼的大蒜精，可供医药之用；盐渍大蒜可供不时之需。

大蒜按大小分大瓣种和小瓣种；按皮色分白皮和紫皮类型；按叶分软叶种、硬叶种和宽叶种、狭叶种。

大蒜的生长，经历萌芽期、幼苗期、花芽和鳞芽分化期、花茎伸长、鳞茎膨大和休眠期。蒜瓣在土壤湿润和气候冷凉的条件下7～10d出苗，进入幼苗期。幼苗在3～5℃低温，经30～40d通过春化阶段。抽薹必须通过春化阶段，春栽大蒜不经过春化阶段则形成独瓣蒜头。春季随温度升高，日照增长，进入花芽和鳞芽分化时期，花芽于茎盘顶上形成，继而伸长形成花茎，与此同时在花茎基部周围叶腋形成排列整齐的鳞芽，一个鳞芽发育成一个蒜瓣。膨大后成鳞茎，即蒜头。高产栽培技术环节：

（1）整地施肥　栽培大蒜的土地宜疏松肥沃，排水良好。土壤深翻30cm，施足河泥、厩肥等，做成畦沟宽为1.4m高畦，土壤耕作精细，以利根系发育，播种前1周亩施粪肥2 000kg。前作以豆类、瓜类较好，忌与其他葱蒜蔬菜连作，否则容易烂根，尤其在幼苗出土后，葱腐病危害，容易导致叶色变黄而枯死。

（2）播种　大蒜不结种子，栽培上用蒜瓣播种，播种依栽培的目的不同而有异。作青蒜供食用栽培的，播种可早在8月中旬，当年11月开始采收青蒜陆续至次年2月，但也有一次采收，视市场需要而定。以蒜头供食用栽培，播种期可在9月中旬，次年4月下旬至5月上旬收蒜薹，6月可收蒜头。薹用栽培与蒜头栽培类似，只要蒜薹及时采收无损于蒜头的产量。

为使大蒜提早到国庆节前后采收供市，可在 7 月下旬播种。但需要经过种蒜处理：一是播种前剥除蒜皮：有利于水分的吸收和气体的交换，可以提早发芽。为便于剥蒜皮，可将蒜头放在室内风干，使水分减少而离皮。二是浸种催芽：将大蒜瓣置入草包内放入大树遮阳的河塘里，待出芽后播种。三是低温处理：将蒜瓣放在 0～4 ℃的冷库中 1 个月，然后取出播种可提早发芽。农家少量栽培，可将蒜瓣吊放置阴凉的水井，也能达到早发芽之目的。

（3）种植密度　播种时蒜瓣插入土中 1/3，然后覆细土 3 cm 左右厚，菜农有"深栽葱浅种蒜"的说法。作青蒜栽培的，行距 20 cm，株距 5 cm，亩用种量 100～200 kg（小种 100 kg），约 4 万株；以栽培蒜头为目的，行距 25 cm，株距 10 cm，亩栽约 2.5 万株。作蒜头栽培蒜瓣宜大，取青蒜栽蒜瓣可小，用气生鳞茎栽培的只能收青蒜。

（4）田间管理　栽培青蒜生长期短，要以速效性肥料为主，促进地上部生长，苗期连续追肥 2～3 次，亩施粪肥 1 500 kg，分次采收的每次采后追肥。栽培蒜头为主，要追肥 3 次：第 1 次在苗高 4 cm 时亩施人粪尿 1 000 kg，促进幼苗生长；第 2 次在 11 月间，施浓粪肥 2 500 kg；第 3 次在 2 月上旬施浓粪肥 2 500 kg，促进抽薹和蒜头肥大。追肥要视气候而定，干旱时淡水粪勤施，并掌握年内少施，年外多施。若年外多施，植株生长旺盛，抽薹延迟。鳞茎开始膨大不施浓粪肥，否则蒜头易腐烂。

畦面上盖草或垃圾泥可保温越冬，以利土温相对稳定，促进大蒜根系生长。同时，由于大蒜的生长期较长，覆盖可减少杂草，也起保温作用。大蒜生长期间要中耕除草 2～3 次，保持土壤疏松，中耕宜浅，以除去杂草为度。

（5）病虫害防治　大蒜的主要病害有紫斑病、叶枯病、锈病、花叶病、细菌性软腐病等。其综合防治技术是精选蒜种、选地轮作种植、清洁田园、地膜覆盖、加强土壤肥水管理以及农药防治。

（6）采收　大蒜食用部位不同，则采收方法不一。

青蒜采收：多数是连根拔起，洗涤后供市。也有株高 40 cm 左右时基部刈割，割后加强肥水管理，以后再生新叶连株拔起。亩产量可达 3 000～3 500 kg。

蒜薹采收：一是用刀割开假茎，将薹折断取出，然后将蒜叶扭转覆盖伤口。二是用手将蒜薹直接抽出。用刀割的方法，蒜薹产量高，但伤口雨淋后易腐烂。用手抽蒜薹产量低，要有一定的技术，应用较少。

蒜头采收：蒜薹采收及时对蒜头生长无影响，蒜薹采收后约 20 d 可收蒜头。如不收蒜薹反而影响蒜头的膨大速度和产量。蒜头的采收，不能等到地上全部叶子枯萎。雨季时，如不及时采收，容易腐烂，采收后的蒜瓣容易散开，也不耐贮藏。采收后，晾晒几天，然后捆编成束，在阴凉地方堆藏或挂藏。为防止贮藏期抽芽，可用青鲜素 0.25％水溶液在采收前半个月喷洒叶面，也可用钴-60 辐射处理。

2.8　蔬菜类作物

2.8.1　白菜

　　白菜可分为结球白菜和不结球白菜，结球白菜也称大白菜，不结球白菜俗称小白菜、青菜、油菜。白菜原产我国，种类和品种繁多，耐寒耐热，生长周期短，适应性广，每一个季节都可以分批播种、分期采收，是南北各地皆能周年供应的当家蔬菜。白菜以绿叶作为鲜食器官，南方在白菜中有部分耐热品种可作夏白菜栽培，抗高温性极强，食用小植株，人们常称毛毛菜、小白菜。在白菜中也有腌渍优良的品种。

　　在露地栽培中，按熟性、抽薹迟早所确定的栽培季节，白菜有以下 3 种类型：

　　（1）秋冬白菜　南北方主要的栽培类型，一般属冬性弱型，部分冬性型。南方秋冬季节以营养生长为主，产量高，品质优，翌年二月抽薹，要求春节内采收完毕。常栽的有鲜食品种、腌渍品种。秋冬季有 6 个月时间，加之提前育苗，使栽培季节更长，同时是最适宜生长的栽培季节，所以是主要栽培茬口。江、浙一带 7 月下旬至 10 月间分批播种育苗，以早熟品种先播、迟熟品种晚播。腌制加工的品种，主要安排在最适宜的季节栽培，长江流域 8 月下旬至 9 月上旬播种。杭州瓢羹白 8 月下旬播种，9 月中、下旬定植，11 月中旬采收，产量高、品质优。过早或过迟播种，均易影响产量。农谚有"秋分种菜，小雪腌，冬至开缸吃过年"。而华南地区的播种期还可以适当延后。

　　（2）春白菜　属冬性型与冬性强、抽薹迟型品种，长江以南露地育苗过冬后定植，也有定植过冬，翌年 4～5 月上旬为主，其中易抽薹的早青菜，应 3 月份采收。采收有大菜和菜秧（小白菜）之分，大菜在晚秋的 10 月上旬至 11 月上旬播种，年内或开春后定植，3 月至 5 月可供应市场，也有年外 1 月下旬用小拱棚育苗，4～5 月供应，主要品种有杭州蚕白菜、上海四月慢和五月慢。

　　（3）夏白菜　5～9 月高温季节栽培，又称火白菜、伏白菜，以食用小菜为主，生长快，要求抗高温、暴雨及病虫害，品种有杭州火白菜、绍兴矮黄头、广州马耳白菜、南京矮杂 1 号、福建黑叶小白菜、重庆水白菜等。播种期从 5 月下旬至 8 月上旬分批播种。一般直播，间苗后施肥，20～30 d 可收一茬。

白菜高产栽培技术要点：

（1） 整地施基肥、合理密植　　种植白菜的土壤，要求不严格，在夏菜结束后，深耕翻土晒垡 5～7 d，然后整地施基肥作畦。鲜食类普通白菜，生长期短，可少施基肥；而腌渍品种，生长期长，应多施一些基肥，基肥以厩肥、粪肥为主，一般翻耕后可每亩施浓粪肥 2 000～3 000 kg，也可用碳酸氢铵作基肥，施后用地膜覆盖 1～2 d，有较好的杀菌作用，不过定植前要揭膜 2～3 d，以防止铵离子对植株的伤害。

畦宽连沟 1.4～1.5 m，可条栽或穴栽，早秋栽培的营养面积为 0.04 m² （即 20 cm×20 cm），亩栽 1.5 万株。秋冬栽培，气温适宜，植株可充分生长，营养面积可为 0.06～0.07 m²，亩栽 1 万株左右。春白菜易抽薹，密度可与早秋栽培相近。腌渍白菜的营养面积可为 0.08～0.09 m²，亩栽 0.6 万～0.8 万株。早秋移植可浅栽；冬季可深栽，深栽不可将心叶埋入土中。冬季移栽，应在严寒来临之前苗已成活为迟栽期。

（2） 施肥与灌溉　　白菜因为叶片大，种植密、蒸腾量大，要求能及时供应肥水，特别是早秋季。农谚 "三日二头浇，20 天可动刀" 是指肥水的重要性。生产上在定植时施 15%～20% 稀熟人粪尿作点根肥，活苗前每日傍晚可浇 1 次水，早秋应连续浇 3～4 d，冬季可 3～4 d 浇 1 次，以使全苗成活。幼苗转青后可施 20%～30% 的熟粪肥 1 次，以后每隔 1 周浇 1 次；12～13 张真叶，苗高 20 cm 以上时，可施 50% 的浓粪肥 1 次，亩施用量为 1 500～2 000 kg。施肥时尽量少浇叶片上。以后视苗势，可再施 1～2 次，施肥时应选择化肥。施重肥时也可用尿素 5～8 kg，化水浇，效果会更好。腌渍品种，重肥后隔 10 d 可再施 1 次重肥，量相等，并能配施草木灰之类的钾肥。

（3） 病虫害防治　　病害以病毒病和霜霉病为多，虫害主要是蚜虫和菜青虫，防治方法与大白菜同种病虫的防治法相同。但要求采收前已过农药残毒期，生产上要特别注意，以免影响食者健康。

（4） 采收　　秋冬白菜定植后 30～40 d 可陆续采收，以生长期 70～80 d 最适宜，亩产可达 4 000～6 000 kg。目前城市的习惯，喜欢小株青菜，所以栽培时可密植早收，以适应市场的需要。腌渍加工用的长梗白菜，应使植株充分长大，茎生叶有 1～2 张转黄为采收适期，腌制后质地脆，味鲜甜，江浙以 11 月下旬至 12 月初为适采期，亩产可达 4 000～5 000 kg。春白菜必须在抽薹前采收完毕，喜欢吃薹的地区，在薹高 10～15 cm，只现少量青花蕾时是适采的时期，亩产可达 2 500～4 000 kg。

2.8.2　辣椒与甜椒

辣椒原产中南美洲，辣椒果实老嫩皆可食用，嫩果称青椒，红熟果称红辣椒，红辣椒主要供加工或磨粉用，都是辣味强的品种。我国辣椒主要分布在西南、西北地区，四川、云南、贵州、湖南、湖北、江西、陕西等省民众十分爱好，每餐必备。辣椒亦是我国重要出口蔬菜之一，其加工品辣椒干、辣粉、辣酱、辣油畅销国内外。青椒主要菜用，一般为甜椒或辣味轻的辣椒品种，甜椒是辣椒属的一种，两者生物学特性相似，不同的是甜椒生长适宜温度范围比辣椒小些。甜椒耐热性、耐寒性皆不如辣椒，我国主要分布在北方高纬度地区与东南沿海。海拔 600～1 000 m 高山栽培比平原地区果肉厚、品质高。近几年来，甜辣×辣椒的杂交种兴起，甜辣味兼备品种逐渐为市场欢迎。

根据辣椒的加工食用方式不同，栽培技术有一定区别。青椒要求早熟，管理细致。晒干椒栽培较粗放。不论青椒、晒干椒，生产上普遍存在病毒病及落叶问题。栽培要点是施肥浓度宜淡，春栽提早育苗，越夏栽培须遮阳防强光照射。

青椒栽培技术：

（1）**温床育苗**　大苗移栽，播种期 10 月下旬至 11 月上旬，苗龄 100～110 d。育苗前期天气尚暖，可利用冷床播种待寒冷来临，秧苗具 4～5 张真叶，较耐寒，有利培育大苗，但不要过早播种以防老化。营养钵护根，辣椒根再生能力弱，大苗须采取护根措施，可在第 1 次或第 2 次分苗时进钵。钵适宜直径 10～12 cm。每亩需种量 150～200 g，播种床面积 10 m²。辣椒要求温度高，出苗前后保持苗床温 28～30 ℃。出苗后白天保持 25 ℃左右，夜间 16 ℃左右。苗期生长适温 20～25 ℃，适宜范围内随着温度升高生长加快。温床中采用地膜覆盖，秧苗茎粗节间短，根系发达，发棵早。

（2）**定植与间作套种**　辣椒对温度要求较高，定植时期要求土温在 13 ℃以上。浙江露地栽培大多在 4 月上中旬定植。辣椒对光照强度要求比较低，叶片亦较小，栽植密度要比番茄、茄子大，每亩 4 000～5 000 株。甜椒株型趋向直立，栽培密度可比辣椒大些，每亩 8 000～10 000 株。山地肥力较低的土壤栽植密度稍大。每畦栽 2～3 行，株距 20 cm 左右，通常丛栽，每穴 2～3 株。辣椒前期生长缓慢，植株较矮小，适宜间作套种。

（3）**施肥**　辣椒根系吸肥能力比番茄、茄子弱，且容易产生肥害，需要量约为番茄的 2/3。基肥施用有机肥料，每亩施栏肥 2 500～3 000 kg、粪肥 1 000～1 500 kg、复合肥 20～25 kg。追肥以 N 为主，配合 K 肥，浓度宜淡。人粪尿必须经过腐熟，定植时施加水 8～10 倍的人粪尿"点根"；缓苗至结果期间施同样浓度粪肥 2～3 次；结果旺期施加水 4～5 倍的人粪尿；生长期间先后追肥 6～7 次；每采收 2～3 次追肥 1 次。秋延后栽培，立秋后天气转凉，辣椒开始继续生长，根系深入发展，大量开花结果，宜追施一次加水 4～5 倍的粪肥，每亩 1 500～2 000 kg，促进重新发棵。

（4）防止徒长与落花　晚熟品种辣椒与甜椒，N 肥偏多，密度过大，特别是地膜覆盖栽培的容易产生徒长现象，应控制 N 肥用量。徒长同时，伴随落花，影响产量，采收时适当留一部分果实以抑制茎叶生长。

（5）病虫防治　辣椒常见病害有落叶病、病毒病、青枯病、菌核病等。辣椒落叶瘟是辣椒生产上普遍存在的问题。低温、阴雨、采收践踏畦面、肥料浓度过高以及病害都可以引起落叶。防治要点在于保护根系和防病，中耕除草宜浅、培土宜薄、施肥宜淡、喷 0.2%～0.3% 的波尔多液保护。脐腐病是一种缺钙引起的生理病害。干旱天气，甜椒果实容易晒伤发生脐腐病；高温干旱，肥料浓度高时也易发生。地膜覆盖根系发达，吸收能力加强可减少危害。

（6）采收　甜椒果实形状大小充分显示品种特性。果肉肥厚，颜色浓绿、具光泽、种子尚在发育，味脆，最适菜用，开花后 20～30 d 采收。青辣椒根据市场需要，果实达一定大小即可采收，采青椒有利植株生长。

晒干椒（红辣椒）**栽培技术：**

（1）品种选择　宜选择色泽美丽，晒干率高的品种。全国著名品种有四川七星椒、陕西线辣椒、贵州朝天椒等。

（2）播种育苗　晒干椒栽培比较粗放，播种育苗比青椒栽培迟些，苗期管理方便。一般在立春前后播种，苗龄 50～60 d，清明谷雨之间（4 月上中旬）定植。辣椒不耐高温和强烈光照，浙江省平原地区主要产量在炎夏之前，4～8 月结果。

（3）密植　晒干椒采收期集中，播种较迟，增产关键在于增加栽植密度，一般每亩栽植 10 000～15 000 株，通常采用穴栽，每穴 2～3 株。

（4）肥水管理　晒干椒比青椒迟播，开花结果处在适宜生长时期，不存在低温落花问题。前期肥水充足，可促进分枝、增加开花结果数；后期停止追肥，防止返青。后期高温结的果实皮薄，着色不良，品质差。

（5）采收　采收期为 7 月上中旬到 8 月，分 3～4 批采收。每亩晒干成品 200～250 kg，老熟果晒干率一般为 16%～20%。

2.9　瓜果类作物

2.9.1　西瓜

西瓜瓜瓤甜汁多，含糖量 7%～15%，富含多种维生素和矿物质，营养丰富，能消暑解渴，是夏天的重要果品，同时还可加工成西瓜冻、西瓜汁、西瓜酒。

西瓜蔓生性，茎叶生长旺盛，具有很强的分枝能力，从而形成繁茂的地上系统。这些特点对西瓜的整枝、压蔓、调节生长和结果、防治病虫害有直接的关系。

西瓜皮色有黑色绿色网纹，或有白色条纹；瓤色有白、乳黄、黄、金黄、淡红；形状有圆球形、长筒形；果皮的坚硬度、厚薄不一，这些构成了西瓜果实品质和运输贮藏的特性。

（1）播种育苗　目前西瓜生产上采用温床、保护地育苗方法，育成4～5片真叶的大苗，既可以使西瓜提早上市，又可以集中育苗，管理方便，省种省工。播种前，先将种子在54～56℃的温水中浸15 min消毒，再放在清水中浸4～8 h，然后在28～30℃处催芽，经2～3 d大部分种子露芽，即可播种。苗床温度的高低是影响出苗的主要因素。要求苗床白天30℃左右的气温，晚间15℃以上的温度，则4～5 d就可齐苗。瓜苗出土后，要及时揭去地膜，苗床要适当通风以便降低温、湿度，避免因徒长而造成的高脚苗。以后苗床的温度以白天25～28℃、夜间16～18℃为宜，同时间去弱苗，及时定苗。育苗期间，施充分腐熟的粪肥1～2次，及时防治病虫害，培育成叶色深绿，茎粗节短的壮苗。

（2）土壤耕作与定植

①轮作套种：西瓜忌连作，对轮作的要求严格。若轮作周期短，枯萎病的发病率高，西瓜会严重减产。西瓜与禾谷类作物轮作，特别与水稻轮作，可以减轻病害，并可缩减轮作年限。与水稻田轮作，要注意畦型，并注意排水。西瓜与麦套种，不仅可以减轻病害，而且西瓜在麦行中生长，早春可借麦行防风和夜间低温的影响，但麦类应选择早熟品种，否则易影响西瓜蔓叶生长。西瓜还可在幼年橘园、毛竹园、油菜田的行间间作、套种，也可在新开园地先种西瓜，一年后定植果木。

②整地作畦：栽培西瓜的土地须深耕。南方栽培应作中间略高，两边稍低的畦，一般畦宽4～5 m。在麦田间作的条件下，须预先留出种植行，宽30～40 cm，长150～170 cm。在冬季应翻深40～50 cm，使土壤进行冻垄风化。前作收获后，应抓紧灭茬翻耕，按规定要求整好畦面，促进根系生长。

③施基肥：基肥能供给植株在整个生长期所需的营养，对根系的发育、植株的生长有密切的关系。对土壤肥力较差的耕地，更需有充足的基肥。肥料的种类可用猪、羊、牛的厩肥，腐熟的垃圾、禽畜粪、大粪、饼肥及一些化肥。基肥使用的数量和种类应根据当地的肥源和土壤肥力条件因地制宜使用，一般是总肥量的50%～60%；一般肥力水平，每亩可施厩肥1 500～2 500 kg，过磷酸钙20～25 kg，浓粪500 kg，草木灰1 000～1 500 kg。施肥方法可以穴底局部施，也可全田分层施。

④定植：在土温稳定在15℃以上的晴天定植，整枝栽培的密度一般是行距2～2.5 m，株距0.4～0.5 m，每亩500～800株；放任栽培的密度可稀一

点。将营养土块放入穴中，盖土时，子叶离地 1 cm 左右，穴孔处可稍多一点泥土抹平填实，以略高于土面，以防雨后积水，妨碍植株的生长。

（3）田间管理

①肥水管理：有充足的基肥条件下，坐瓜前不可施追肥。若土壤肥力弱，基肥不多的情况下，活苗后可施充分腐熟、浓度为 10% 的人粪尿，每亩 250～500 kg，以后可逐步加浓，但不要超过 20%，浇在离根 3～5 cm 处，不要浇到叶片上，施后要及时松土，防止土块板结。头瓜坐果后是追肥的关键，可分 2 次施，中间间隔 7 d，追肥施用总量每亩为粪肥 1 500 kg，尿素 5 kg，过磷酸钙 10 kg，硫酸钾 10 kg，这对促进营养生长和生殖生长都是有益的，追肥适当可保证结大瓜和继续结瓜的能力，可扩大叶面积和延长叶的寿命，提高同化能力。采瓜后，要做到采 1 次瓜施 1 次肥，以延长结瓜时间。对水分管理，除结瓜后施追肥浇水外，一般出现干旱时才灌水，瓜在成熟阶段应控制灌水。

②中耕、除草、培土：西瓜根系要求土壤疏松，早期要勤中耕，并结合除草，既可防止土壤板结，促进通气，又可提高土温，加快蔓叶的生长。中耕宜浅耕，抽蔓爬地后，一般不中耕锄草。培土应在植株抽蔓前，结合中耕进行，将畦沟的松土培在根际，可防止植株被风吹动，保证顺利生长，又便于排水，保持土面干燥，防止病虫害的发生。

③选瓜、坐瓜：在主蔓或子蔓上选子房大而正，瓜柄直而粗的雌花坐瓜，一般蔓有 1.3～1.6 m，可选发育好的第 1 或第 2 雌花坐果。对大型品种应在主蔓上有瓜，主蔓上没有坐成，则应在子蔓上留坐；主、子蔓上都坐瓜，可将子蔓上的瓜及时摘去，每株均能结一瓜。对中、小型品种留瓜的数目应视栽培条件而定，一般为 2 个。早期开花时，由于气温低，昆虫不活动，或雨天多，西瓜的坐瓜率低，几乎不结果，须人工辅助授粉，要求在雌花开放的清晨，采取雄花，将花粉直接涂于雌花柱头，或用毛笔将花粉收集在培养皿内，然后涂在雌花柱头上，为防止雨淋，可套袋或夹花。

（4）病虫害防治　西瓜主要的病害有霜霉病、枯萎病、炭疽病，防治方法以农业防治为主，选育抗病品种，实行轮作，深沟高畦，勤排积水。移栽时少伤根，同时加强肥水管理，促进植株生长健壮，提高抗病力，减轻或防止病害的发生和蔓延。使用的农药有多菌灵、代森锌、百菌满、杀毒矾、硫菌灵、甲霜灵等。防止枯萎病、疫病主要用嫁接换根的方法，常选用的砧木有黑籽南瓜、葫芦等。

（5）采收　西瓜是生食瓜，好的品质主要决定于含糖高、爽口、有鲜味，口感好。果实含糖量因品种有差异，但果实的成熟度对品质的影响极大。采收时应严格掌握。若采收过早，未达到成熟，糖分很低，没有食用价值，所以鉴定成熟度是保证品质的基本技术，要求在不断实践中去摸索。一般的鉴定法

如下:

①生长时期:早、中熟品种,从授粉到成熟,一般为 $28\sim32\,d$;晚熟种 $35\sim40\,d$,因此根据开花授粉日期,结合生长情况进行采收。在果实生长期内,阳光好,温度高,达到成熟的日期可以减少,反之则要增加。

②生长状况:西瓜到成熟时,在同一节位和相近节位的卷须呈半枯黄状;果柄上的刚毛开始脱落稀疏,果面光滑并有光泽,条纹清晰,果肩较钝圆凹陷。

③采后的比重测定:成熟瓜的比重在 $0.90\sim0.95$,小于 0.90 则表示过熟,大于 0.95 时表示瓜过生。

④机械反应:用手拍西瓜,发出低沉的哑声为熟瓜,清脆声为生瓜,但薄皮和厚皮瓜有不同的反应。采收西瓜时,应根据不同的情况综合分析,娴熟地鉴别西瓜的成熟度,同时根据就地销售和远地运输的不同来采收熟度不同的西瓜,以保证西瓜的质量。

2.9.2 番茄(西红柿)

番茄属 1 年生植物,株高 $1\sim1.5\,m$,半直立或直立。番茄开花结果有一定规律,可分有限生长和无限生长两类。可采用露地栽培和大棚栽培。露地栽培可分春番茄,多数年内 11 月中下旬播种,温床育苗,次年 $3\sim4$ 月定植,$5\sim8$ 月收获,这一期生长期长,产量高,为主要栽培季节;秋番茄,7 月下旬至 8 上旬播种,9 月定植,$10\sim12$ 月收获,这一期前期有高温,易发生病毒病,后期有霜冻,生长期短,产量不高,栽培较少。大棚栽培 10 月播种,$11\sim12$ 月定植,次年 $3\sim4$ 月开始采收,视情况可延长至 7 月。

春番茄栽培技术:

(1)培育适龄大苗　番茄根再生能力强,可以大苗移栽,生产上多数采用开花现蕾大苗。番茄苗生长快,苗龄要适当,过大易僵化,早熟不高产。浙江各地温床育苗经验:早熟种宜 $70\sim80\,d$,中、晚熟宜 $90\sim100\,d$,早熟种应比晚熟种迟播。冷床育苗的适宜播期:中、晚熟品种为 11 月中下旬,早熟品种为 12 月上中旬。

①种子消毒:番茄早疫病(轮纹病)是一种普遍病害,易种子带病,对疑有带病的种子应消毒,常用消毒方法为甲醛浸种。方法是将种子先用清水浸 $3\sim4\,h$,吸胀后取出,再放到 1‰甲醛溶液中浸 $20\sim25\,min$,取出再密闭 $20\sim30\,min$,然后洗净播种。

②适当稀播及时分苗:每亩需要种子 25 g 左右,播种床面积 $3\sim4\,m^2$,移栽床面积 $60\,m^2$ 左右。苗期随苗生长时扩大苗距 $1\sim2$ 次。营养钵育苗则扩大(拉稀)钵距。

③床温管理：播种后出苗前，保持床温 25～30 ℃。70％左右种子发芽出土即通风降低床温到 22～23 ℃，齐苗后白天保持 20～25 ℃，夜间 15～16 ℃，分苗至还苗期间适当高一些，白天 25～28 ℃，夜间 15～18 ℃。

④低温锻炼：春番茄露地栽培，定植初期天气多变，有倒春寒；苗期亦常有寒流。苗期低温锻炼可提高抗性及其对恶劣天气的适应性。

⑤防冻防病：番茄 3～4 叶期与定植前，床温高易徒长。徒长苗容易冻害和病害。苗期要加强通风透气，培育壮苗，寒流来临之前以及初春忽冷忽热天气，须注意炼苗提高抗性，及时分苗或拉稀营养钵，以防苗拥挤。定植前 1 周喷药施肥。

（2）土地选择与茬口安排　番茄栽培要与茄子、辣椒、马铃薯、烟草、颠茄等作物实行 2 年以上轮作，不适宜与高秆作物相邻以免影响通风透光，忌种在有青枯病史的土地，适宜微酸性至中性壤土或黏壤土。前作要求施肥多而吸收能力不强的作物如大白菜。番茄可以间套作。棉区与棉花间作须采用早熟品种栽在沟边，棉花生长旺期番茄恰好拔蓬。

（3）整地作畦与施基肥　前作应在番茄定植前半个月采收完毕。平原地区要深沟高畦。畦向宜南北纵长，畦宽 1～1.2 m，沟深 20～30 cm，宽 30～40 cm，土层浅薄，适宜垄栽。番茄产量高、生长期长，需基肥量大，基肥适宜有机肥，一般亩施腐熟土杂肥 2 000～3 000 kg、复合肥 30～40 kg、粪肥 1 000～1 500 kg。

（4）定植　露地定植，须晚霜过后，土温稳定在 11 ℃以上。定植前期覆盖保护，既可保苗防寒，又可避免早春雨害，促进发根、发棵、有利早熟高产。栽植密度单秆整枝 3 000～3 500 株、双秆整枝 2 400～2 600 株。早熟促成栽培 5 000～6 000 株、无支架栽培 1 500～2 000 株。地面覆盖番茄比不覆盖增产 30％～40％，采用黑色地膜兼可除草而且不易徒长。定植初期采用中小棚保暖结合地膜覆盖，可以降低棚内空气湿度有利预防病害。

（5）田间管理

①定植前期：采用薄膜简易覆盖的温度白天保持 25～28 ℃，夜间保持 15 ℃以上，通风透光操作同育苗管理，至 4 月底逐渐揭去薄膜。

②追肥：追肥需分次适量，露地栽培不盖地膜，追肥 5～6 次。早熟种开花结果集中，容易早衰，要抓紧追施；晚熟种容易徒长，追肥应在第 1～2 档果实结牢后开始，每次亩施复合肥 10～20 kg 或加水 3～4 倍粪肥 1 000～1 500 kg。植株第 2～3 档果实膨大，第 4～5 档果实开始坐果时，气候条件也正适宜，生长最快，需肥最大，为追肥重点时期。后期可用 0.3％磷酸二氢钾或尿素或两者等量混合根外追肥。地膜覆盖一般追肥 2 次，分别在第 1～2 档坐果和第 1 次采收后进行，以后看情况施。番茄氮肥偏多植株发嫩，容易徒长

与落花，且容易发生病害，应控制用量。山地酸性重的红黄壤土，容易缺磷，应注意增施磷肥。番茄是一种忌氯作物，不适宜施用氯化铵、氯化钾等含氯的肥料。

③水分：生长前期土壤适当干燥能促进根系深入发展，开花结果以后保持土壤湿润。土壤湿度大易引起病害，应做好开沟排水，要求雨天沟中不积水。

④除草培土：番茄生长快，田间封垄较早，中耕除草工作不多，定植至搭架，除草2～3次，通常与清沟培土结合。搭架前追重肥1次，然后在植株基部培土厚5～6 cm，保肥护根防倒伏同时使排水沟通畅。

⑤搭架：番茄作为鲜品供应，要求陆续上市，一般采用搭架栽培。作为加工用的，采收期较集中，高燥地块为省事亦可不搭架，但要选择相应品种。搭架栽培，支架要求牢固，轻便。架形要求通风透光，适宜人字架或篱壁架，三脚架通风不良。架材常用小竹竿，亦可用绳，铝丝等牵引。

⑥整枝摘心：番茄各叶腋间都会抽生侧枝，须整枝避免妨碍通风透光，影响开花结果。自封顶的矮蓬种须采用双干或3～4干整枝。无限生长类型的高蓬种可采用单干整枝。整枝是番茄田间管理的经常性工作，宜在早上露水干后、侧枝长4～5 cm进行。拔蓬前30～40 d进行摘心，可促进果实生长。摘心应注意保留花序以上2～3张叶片以保护果实。另外，应及时摘除老叶、黄叶和病叶，集中烧毁或埋掉，不要随便乱丢。

⑦防止落花：番茄有落花问题，造成原因，有温度过低（夜温15℃以下）过高（夜温25℃以上）、光照弱、植株徒长以及病虫危害等。应针对不同原因采取不同的防止措施。

⑧病虫害防治：番茄病虫害多，易感病害有早疫病、晚疫病、灰霉病、叶霉病、病毒病等，主要虫害有白粉虱、蚜虫等。宜采取播种期防治，因地制宜选用商品性好、产量高的抗耐病品种，并结合农药防治。

（6）采收 番茄果实转色后开始具风味，可采收食用。果实采收可根据市场需要结合植株生长情况进行，前期或植株结果多，采收转色期果实催红上市或销往外地，可以减轻植株负担，有利增产，同时可以缓和旺果期集中上市的压力。中期采收红熟加工品，经济收益高。果面3/4转色，果肉尚紧实，风味最佳，适宜当地鲜销。果实红透、果肉发软，种子充分成熟，为加工制酱和留种适期。果实自开花到成熟需40～60 d，早春3～4月，温度低，果实发育慢，50～60 d。5～6月温度适宜，为45～50 d。7～8月温度高，40 d左右。采收要轻放，防止堆压损坏。6～7月高温期应早上采收。

第 3 章

农作物农艺性状观察、产量评估与适期收获

3.1 农作物主要农艺性状

农艺性状（Agronomic traits）指农作物的生育期、株高、叶面积、果实重量等可以代表作物品种特点的相关性状。

3.1.1 水稻

水稻农艺性状主要包括生育期、株高、有效分蘖数、主茎叶数、剑叶长、剑叶宽、穗数、穗长、每穗粒数、每穗实粒数、千粒重。按植物新品种权申请，水稻新品种需要指出的专门性状如下：

序号	性　　状	表达状态
1	基部叶：叶鞘颜色	绿色、紫色线条、浅紫色、中等紫色
2	倒二叶：叶耳花青苷显色	无、有
3	抽穗期	极早、极早到早、早、早到中、中、中到晚、晚、晚到极晚、极晚
4	小穗：外颖颖尖花青苷显色强度（初期）	无或极弱、极弱到弱、弱、弱到中、中、中到强、强、强到极强、极强
5	仅适用于非深水稻品种：茎秆：长度（不包括穗）	极短、极短到短、短、短到中、中、中到长、长、长到极长、极长
6	小穗：外颖茸毛密度	无或极疏、极疏到疏、疏、疏到中、中、中到密、密、密到极密、极密
7	穗：每穗粒数	极少、极少到少、少、少到中、中、中到多、多、多到极多、极多
8	糙米：长度	极短、极短到短、短、短到中、中、中到长、长、长到极长、极长
9	糙米：颜色	白色、浅棕色、棕色斑驳、深棕色、浅红色、红色、紫色斑驳、紫色、紫黑色
10	糙米：香味	无或极弱、弱、强

3.1.2 小麦

小麦农艺性状主要包括生育期、株高、叶数、分蘖数、小穗数、穗粒数、千粒重。按植物新品种权申请，小麦新品种需要指出的专门性状如下：

序号	性状	表达状态
1	植株：生长习性	直立、直立到半直立、半直立、半直立到匍匐、匍匐
2	抽穗期	极早、极早到早、早、早到中、中、中到晚、晚、晚到极晚、极晚
3	旗叶：叶鞘蜡质	无或极弱、极弱到弱、弱、弱到中、中、中到强、强、强到极强、极强
4	植株：高度	极矮、极矮到矮、矮、矮到中、中、中到高、高、高到极高、极高
5	穗：小穗着生密度	极稀、极稀到稀、稀、稀到中、中、中到密、密、密到极密、极密
6	穗：形状	纺锤形、圆锥形、椭圆形、长方形、棍棒形、分枝形
7	芒：类型	无芒、直芒、曲芒
8	籽粒：颜色	白色、红色、紫色、蓝色、青黑色、其他
9	籽粒：质地	粉质、粉质到半角质、半角质、半角质到角质、角质

3.1.3 玉米

玉米农艺性状主要包括株高、穗行数、行粒数、穗粗、千粒重、穗重。按植物新品种权申请，玉米新品种需要指出的性状如下：

序号	性状	表达状态
1	抽雄期	极早、极早到早、早、早到中、中、中到晚、晚、晚到极晚、极晚
2	散粉期	极早、极早到早、早、早到中、中、中到晚、晚、晚到极晚、极晚
3	抽丝期	极早、极早到早、早、早到中、中、中到晚、晚、晚到极晚、极晚
4	植株：上部叶片与茎秆夹角	极小、极小到小、小、小到中、中、中到大、大、大到极大、极大
5	叶片：弯曲程度	无或极弱、极弱到弱、弱、弱到中、中、中到强、强、强到极强、极强
6	雄穗：颖片基部花青苷显色强度	无或极弱、极弱到弱、弱、弱到中、中、中到强、强、强到极强、极强

（续）

序号	性　状	表达状态
7	雄穗：侧枝与主轴夹角	极小、极小到小、小、小到中、中、中到大、大、大到极大、极大
8	雄穗：侧枝弯曲程度	无或极弱、极弱到弱、弱、弱到中、中、中到强、强、强到极强、极强
9	雌穗：花丝花青苷显色强度	无或极弱、极弱到弱、弱、弱到中、中、中到强、强、强到极强、极强
10	植株：高度	极矮、极矮到矮、矮、矮到中、中、中到高、高、高到极高、极高
11	雄穗：一级侧枝数目	极少、极少到少、少、少到中、中、中到多、多、多到极多、极多
12	果穗：穗行数	极少、极少到少、少、少到中、中、中到多、多、多到极多、极多
13	果穗：形状	锥形、锥形到筒形、筒形
14	籽粒：类型	硬粒型、偏硬粒型、中间型、偏马齿型、马齿型
15	仅适用于单色玉米：籽粒：顶端主要颜色	白色、浅黄色、中等黄色、橙黄色、橙色、橙红色、红色、紫色、褐色、蓝黑色
16	仅适用于单色玉米：籽粒：背面主要颜色	白色、浅黄色、中等黄色、橙黄色、橙色、橙红色、红色、紫色、褐色、蓝黑色
17	穗轴：颖片花青苷显色强度	无或极弱、极弱到弱、弱、弱到中、中、中到强、强、强到极强、极强

3.1.4　大豆

大豆农艺性状主要包括单株粒数、百粒重、单株荚数、株高。按植物新品种权申请，大豆新品种需要指出的专门性状如下：

序号	性　状	表达状态
1	下胚轴：花青苷显色	无、有
2	茎：茸毛颜色	灰色、棕色
3	复叶：小叶数量	三小叶、五小叶、多小叶
4	植株：高度	极矮、极矮到矮、矮、矮到中、中、中到高、高、高到极高、极高
5	植株：结荚习性	有限、亚有限、无限
6	成熟期	极早、极早到早、早、早到中、中、中到晚、晚、晚到极晚、极晚

3.2 作物群体结构及其构成要素

作物群体结构（Crop colony structure）是指作物生物量（根、茎、叶、植株、品种等）的空间分布。

所谓作物群体是指生长在农田上大片的作物集合体。作物群体结构主要是由呈垂直状态的茎秆以及与茎秆形成各种角度和方向的叶片组成的一个空间网格形态。群体结构受作物自身遗传特性与生理生长过程的影响，同时也受人为种植方式和环境状况的制约。二者的共同作用可形成各具特色的作物群体结构。其中人为因素往往起着较为重要的作用。为方便区分，可将作物群体结构分为生理性结构性状和人为性结构性状两大类。生理性结构性状主要包括作物的茎秆、叶的分布形态及其数量，以及作物器官空间配置状况等；人为性结构性状主要包括因人类种植方式的差异而导致物种搭配结构（如间作套种与轮作等）和种植规格（如间距、密度、方向等）的变化特征。

所谓理想的作物群体结构是由理想的作物株型和合理的种植结构构成。理想株型包括作物形态指标（如株高、叶面积、叶倾角、叶方位角等）的适宜大小及其合理的空间分布。一般而言，理想的作物株型要求植株适当的矮化，叶片保持适当的数目和适宜的面积，而且应以直立伸展为主。合理的种植结构则要求通过不同作物的间作套种与结构配置以充分利用时间生态位和空间生态位，同时通过栽培管理对群体结构加以调控。

一般认为，理想的作物株型和合理的种植方式是获得理想群体结构的先决条件。有理想的株型而没有好的种植方式不行，有合理的种植方式而没有理想的作物株型也不行，二者缺一不可，即所谓的"良种良法"。理想株型与作物自身的遗传特性有关，同时还受环境条件和人为栽培管理的影响和控制；合理的种植方式与种植密度可由人工来控制，因此，理想群体结构的构建可通过两个主要途径：一是可通过遗传育种和生物工程技术选育出株型理想且高产稳产的作物品种；二是通过人工栽培与管理来直接改变和构建出理想的作物群体结构。"株型育种"或"理想株型育种"在20世纪50年代初就受到遗传学家和育种学家的重视。株型育种的基本目的是选择茎秆硬直、叶片挺拔、株高适中，以适合于密植，增加单位面积种植株数，提高群体数量，增大群体库容量，提高作物产量。

在田间试验中，叶面积指数（Leaf area index，LAI）是反映植物群体生长状况的一个重要指标，其大小直接与最终产量高低密切相关。叶面积指数又称叶面积系数，是一块地上作物叶片的总面积与占地面积的比值，即：叶面积指数＝绿叶总面积/占地面积。叶面积指数是反映作物群体大小的较好的动态指标。在一定的范围内，作物的产量随叶面积指数的增大而提高。可见，叶面积指数的大小关系作物的产量，而叶片面积是叶面积指数计算公式中分子的一部分。把一块土地面积上每一片叶片的面积累加就得到了叶片的总面积，因此，叶片面积是作物产量的一个表现形式。叶片面积的大小，关系到叶片光合作用的效率，而光合作用是累积有机物的过程，因此叶片面积大小与光合作用有关。

3.3 作物不育性观察鉴定

雄性不育是指在两性花植物中雄蕊败育的现象。有些雄性不育现象是可以遗传的，采用一定的方法可育成稳定遗传的雄性不育系。雄性不育的遗传类型可以分成3种类型：细胞质雄性不育、细胞核雄性不育和核质互作雄性不育。

无论植物的不育性是哪种类型，它们都会在特定的组织中表现出来，有时候不育株还会影响到内源激素的变化等。十字花科、伞形科、百合科、茄科等蔬菜作物中，普遍存在不同程度的雄性不育现象。由于遗传机制、植株营养状况、温度高低及病毒侵染与否等的不同，雄蕊退化可分成以下几种类型：

(1) 花药退化型 一般表现为花冠较小，雄蕊的花药退化成线状或花瓣状，颜色浅而无花粉；

(2) 花粉不育型 这一类花冠、花药接近正常，往往呈现亮药现象或褐药现象，药中无花粉或有少量无效花粉，镜检时，有时会发现少量干瘪、畸形以及特大花粉粒等，大多数是无生活力的花粉；

(3) 花药不开裂型 这类不育型虽然能形成正常花粉，但由于花药不开裂不能正常散粉，花粉往往由于过熟而死亡；

(4) 长柱型功能不育 这一类型花柱特长，往往花蕾期柱头外露，虽然能够形成正常花粉但散落不到柱头上去；

(5) 嵌合型不育 在同一植株上有的花序或花是可育的，而有的花序或花则是不育的，在一朵花中有可育花药，也有不育花药。

上述5种雄性不育型中以花药退化型和花粉不育型两种类型为佳，其利用较为方便，稳定可靠。除上述5种雄性不育型外，还有其他类型，如环境敏感型雄性不育。根据上述不同雄性不育类型的识别、鉴定和选择雄性不育株，是对雄性不育材料的鉴定和选择的主要方法。但是，败粉不育型通常不能用肉眼直接进行鉴定，需要用显微镜镜检，通常把过大、过小或畸形花粉作为无生活力花粉计算，统计不育率。这种镜检方法只能作为相对的直观判断，要作出准确的判断还得进行人工授粉直接测定。

我国杂交水稻对粮食安全发挥了重要作用，这是利用雄性不育系的著名案例。水稻雄性不育系基本情况如下：

（1）基本特征 雄性器官发育不正常，花药瘦小、干瘪、不开裂、内含败育花粉或无花粉，自交不能结实，多数情况下，有不同程度的包颈。

（2）遗传原理 由细胞质和细胞核基因相互作用而产生雄性不育，称作质-核互作型不育系。

（3）基本要求 不育性稳定，败育彻底，不受环境条件影响，任何地点和任何时期抽穗，不育度＞99.9％，开花习性良好，柱头大而外露，张颖角度大、时间长，花时集中；一般配合力强。简要概括：水稻雄性不育系是一类特殊的水稻类型，其自身花器中，雄性器官发育不完善，不能形成正常的花粉，其雌性器官发育正常。因而不能自身繁殖，需要借助于外来水稻花粉才能结出种子。水稻雄性不育系与水稻雄性不育保持系杂交（接受后者的花粉），得出的种子下代种植仍然是不育系。水稻雄性不育系与水稻雄性不育恢复系杂交（接受后者的花粉），得出的种子下代种植就是一般意义上的杂交稻种子，也就是农民大面积生产上使用的种子。

从细胞质的来源分类，现有的质-核互作型不育系大致可分为：

（1）野败型（WA） 以雄性不育野生稻作母本，用栽培品种连续回交选育而成，如使用面积最大的珍汕97A和V20A属这一类型。

（2）冈型（GA） 以西非晚籼品种冈比亚卡（Gambiaca）作母本，用栽培品种进行连续回交选育而成，如冈46A、朝阳1号A等。

（3）D型（Di） 以籼稻品种Dissi作母本，与籼稻品种回交育成，如D汕A是由Dissi作胞质供体，珍汕97作胞核供体培育而成的。

（4）矮败型（DA） 以矮秆雄性败育野生稻作母本与栽培稻品种杂交育成，如协青早A。

（5）红莲型（HI） 以红芒野生稻与籼稻品种莲塘早杂交和成对回交选育而成，以后用其他籼稻品种与其杂交和回交，育成不同类型的红莲型不育系，如粤泰A等。

（6）BT型 以印度籼稻品种ChinsuranBoroⅡ为细胞质供体，以粳稻品种作核供体选育而成，如粳稻不育系黎明A、六千辛A等。

（7）滇型（TI） 滇型不育系由许多类型组合，其代表性的不育系如滇3A，以高海拔籼稻品种峨山大白谷作母本，与红帽缨回交转育而成。

另外还有长药野生稻资源的L301不育系，印尼水田谷资源的Ⅱ-32A、优ⅠA等不育系也都有新的发展前途。

从败育类型可分为孢子体不育和配子体不育两类，野败型、冈型、D型和矮败型属孢子体不育，其花粉败育发生的时期较早（单核后期），以典败为主。红莲型、BT型和滇型等属配子体不育，前者花粉败育的时期较晚（二核期），以园败为主，后二者的花粉败育发生最晚（二核后期或三核初期），以染败型为主。

3.4 农作物田间估产方法

了解水稻、小麦、玉米、油菜、棉花、马铃薯等主要农作物的田间估产方法及操作步骤。

3.4.1 水稻成熟期产量的测定

代表性田测产的常用方法有3种。水稻收获前，根据各类田的产量构成因素及长势长相划分等级（一类田、二类田、三类田及其比例），再从各等级中选定具有代表性的田块作为测产对象，从各代表性田测得的产量，分别乘以各类田的面积，就可以估算所测地区的当季稻谷产量。

（1）小面积试割法　在大面积测产中，选择有代表性的田块2～3块，进行全部收割、脱粒、称湿重，有条件的则送干燥器烘干称重。而一般按早、晚季稻和收割时的天气情况，按70%～85%折算干谷或称取混合均匀湿润稻谷1 kg晒干算出折合率，并丈量各田块面积，计算出单位面积产量，然后平均即可。

（2）挖方测产法　在代表性的田块，每块田选2～3点。每点收割面积割面积10 m²左右，将其全部脱粒，将其全部脱粒称鲜重，然后再全部晒干称干重，也可混合均匀后各取1 kg晒干算出折合率，还可根据收割时天气折算成谷重，并丈量挖方的准确面积，算出单位面积产量。

（3）穗数、粒数、粒重测产法　水稻单位面积产量由有效穗数、每穗平均实粒数和千粒重乘积而成，对这3个因子进行调查测定，即可求出理论产量。

选好测产田后，即进行取样调查，根据田块大小及田间生长状况定取样点，取样点力求具有代表性和均匀分布。常用的取样方法有五点、八点取样法及随机取样法。确定取样点后，按下列步骤进行调查：

①测定实际行、穴距，求单位面积穴数：在每个取样点上，测定11行及11穴的距离，分别除以10。求出该取样点的行、穴距，再把各取样点的数值进行统计，求出该田的平均行、穴距。

每亩实际穴数＝667 m²/（平均行距×平均穴距）

②调查每穴有效穗数：在每个取样点上，连续调查30～50穴，调查每穴有效穗数，统计出各点及全田的平均每穴有效穗数。

每亩穗数＝每亩实际穴数×每穴平均穗数

③调查代表穴的实粒数：在各取样点上，每点选取3～5穴穗数接近该点平均每穴穗数的稻穴，调查各穴的每穗实粒数，统计每穴平均实粒数。以每穴的总实粒数除以每穴的总穗数求出该点平均每穗实粒数，各点平均则得出全田平均每穗粒数。

④理论产量的计算：根据穗数、粒数的调查结果，再按品种及谷粒的充实度估计千粒重或参考该品种常年千粒重数值，也可将各点实粒晒干或烘干称其千粒重。

$$每亩产量(kg) = 每亩穗数 \times 每穗实粒数 \times 千粒重(g)/1000000$$

3.4.2　小麦估产方法与步骤

小麦估产可在收获前几天采用取样法。进行以下项目调查记载并估产。

（1）先确定小麦地代表性样方，如 $1\,m^2$ 或 $2\,m^2$，测定其有效穗数；

（2）再计数每穗平均结实粒数；

（3）测定出千粒重；

（4）根据调查结果，可计算出亩产量。

$$亩产量(kg) = 亩穗数 \times 每穗实粒数 \times 千粒重(g)/1000000$$

3.4.3　玉米估产方法与步骤

玉米估产可在蜡熟期末进行实测。在一块地或处理，取 3～5 点，在每个点进行以下项目调查记载并估产。

（1）每点选取 50 或 100 株，调查空株率、折断株率、双穗株率、单株果穗率。

（2）测行株距，如丈量 21 行的距离，求行距，丈量 51 株的距离求株距，根据行、株距，求每亩株数。

（3）调查区内连续选择 10～20 株，调查株高、径粗及果穗着生部位，自下向上测量和记数。

（4）从样点内连续选取 10～20 个果穗，除去苞叶，调查穗长、秃顶长度、籽粒行数及每行籽粒数。把果穗晒干，脱粒称其果穗重、籽粒重及千粒重，求出果实产率等。

（5）根据调查结果，可计算出亩产量。

$$亩产量(kg) = 亩株数 \times 单株果穗数 \times 每穗粒重(g)/1000$$

3.4.4　油菜估产方法与步骤

油菜估产可在收获前几天采用取样法。进行以下项目调查记载并估产。

（1）油菜收获前 3～5 d，从待测产油菜地按 5 点取样法选定 5 个点；

（2）每个点面积为 $1\,m^2$，分别割下 5 个点的油菜冠层装入网袋；

（3）然后统一带回晒干、脱粒和称重，获得每平方米平均菜籽重。

（4）在取样的同时测量厢宽和沟宽，计算有效种植面积系数。

（5）根据调查结果，可计算出亩产量。

$$亩产量(kg) = 每平方米菜籽重(g) \times 667 \times 有效种植面积系数/1000$$

3.4.5 棉花田间估产方法

棉花子棉亩产量 = 每亩株数 × 单株铃数 × 单铃重(g)/1000

棉花皮棉亩产量 = 每亩株数 × 单株铃数 × 单铃重(g) × 衣分 /1000

棉花田间估产通常在 9 月中下旬，估产时应注意以下几个环节：

（1）田间选点 依试验区大小选 3～5 个有代表性的点。

（2）调查每亩株数 在每个点测定 11 行间的距离除以 10 可得平均行距，测定 51 株间的距离除以 50 可得平均株距。

$$亩株数 = 667 \, m^2 / [行距(m) × 株距(m)]$$

（3）调查单株铃数 试验田选 10～20 株，大田取 10 m^2（调查总株数）。分别调查吐絮铃数、成铃数、花及幼铃数，4 部分相加即为该点的总铃数，然后计算出单株铃数。

（4）单铃重的确定 有 3 种方法：一是根据常年全株平均单铃重考虑当时的长势和气候估计铃重；二是依据常年铃重的 8 折计算；三是在大田 10 月初测产时，每块地随机收摘 100 个正常吐絮铃。烘（晒）干称得铃重，乘折算系数求出全株单铃重。10 月初吐絮率（包括正常吐絮和烂铃，不包括初裂青铃）超过 60% 折算系数用 0.8；吐絮率 40%～60%，折算系数用 0.75；吐絮率低于 40%，折算系数用 0.7；若烂铃率超过 10%，则铃重折算系数应减 0.05，每递增 10%，折算系数递减 0.05。

（5）衣分确定 根据本品种常年平均衣分考虑当时的长势和气候确定。

3.4.6 马铃薯产量估产方法

$$每亩产量(kg) = 每亩穴数 × 每穴薯块重(g)/1000$$

每穴薯块重(kg)=[每穴大薯块数×大薯块平均单个重(g)+每穴中薯块数×中薯块中薯块平均单个重(g)+每穴小薯每穴块数×小薯块平均单个重(g)]/1000

大薯块一般指单个鲜重 50 g 以上的薯块；中薯块一般指单个鲜重 30～50 g 的薯块；小薯块一般指单个鲜重低于 30 g 的薯块。

3.5 农作物种子与果实的适期收获

农作物要高产丰收，落实高产栽培技术固然重要，但掌握不同作物的成熟特性，做到适期收获也非常关键。

3.5.1 禾谷类作物

禾谷类作物种子的成熟顺序，一般先从主茎穗开始，然后是分蘖穗。同一个穗因作物不同成熟顺序也不一样。如小麦，在同一穗中以中上部小麦（离基部约2/3处）最先成熟，然后依次向上向下成熟，在每个小穗中，外边的籽粒先熟，中间的籽粒后熟；而水稻各个枝梗是由上而下逐渐成熟，同一枝梗上，第1枝梗或第2枝梗均为顶端小穗，成熟最早，其次为枝梗基部小穗，然后顺序向上，以上部第2或第3小穗成熟最晚。水稻的收获适期以九成熟时收割最好。九成熟的标志是，田中水稻主茎穗全部发黄，分蘖穗中部也已黄熟，绝大部分水稻植株每个穗90%的谷粒均呈黄色。如果提前收割，青秕粒多，千粒重下降，最终影响产量。

小麦的收获适期以七成熟时收割最好。因为小麦成熟是在乳熟期往种子内大量地转运和积累干物质的，达七成熟时，干物质的转运和积累活动就基本停止了。收割过迟，因小麦籽粒的呼吸作用，养料会被大量地消耗掉，千粒重反而下降，小麦籽粒皮厚色差，质量受到影响。故农谚"七成收、八成丢"很有道理。

玉米要到十成熟以后收割，而且还应堆穗6～10 d，产量才能达到最高值。玉米达到十成熟有两个特征，即籽粒乳线消失和基部黑色层出现（乳线指从籽粒顶部出现往下移动所占整个籽粒长度的比值）。因为玉米在完熟期后，茎叶内的养料虽已向果穗转运完毕，但由于糖分进入穗轴内的速度比由穗轴再进入种子的速度要快一些，所以达完熟期时，穗轴内的糖分还在继续向籽粒转移，如果收获过早或收后立即脱粒，产量自然降低了。

3.5.2 豆类作物

这类作物种子的成熟是从主茎到分枝，在每个分枝上是从基部依次向上。而有限结荚习性的大豆种子的成熟则是从顶端开始依次向下，同一分枝上由内向外，由下向上成熟。

豆类作物种子的收获适期是植株叶片基本落尽，豆荚大部分发黄（蚕豆豆荚发黑）时带露水收获，堆放5～7 d后脱粒，以使植株中的养分在后熟期尽可能多地输送给种子。收获过晚容易造成炸荚落粒。

3.5.3 油菜

油菜籽的收获适期是八成熟，此时大田植株约2/3的角果呈黄绿至淡黄色，主序基部角果开始转现枇杷黄色，主茎和分枝叶片几乎全部脱落，茎秆也变为浅黄色，分枝上尚有1/3的黄绿色角果。若收割过早，籽粒不饱满，油脂转化过程未完成，产量和含油量均有下降。但收割过迟，部分角果会因过熟而炸角落粒，造成减产。因此，油菜籽"八成熟、十成收"是有科学依据的。

第4章 >>>

主要农作物杂交技术

4.1 常见农作物的花器结构及开花习性

4.1.1 水稻的花器构造及开花习性

（1）花器构造 水稻为雌雄同花的自花授粉作物。水稻的花序（又称穗）为圆锥花序。从茎最上面的节间到穗顶部的主梗称为主轴，主轴上着生有许多分枝称为枝梗，每个枝梗上又着生许多小枝梗，而小枝梗上着生小穗。每个小穗有3朵小花，但只有上部1朵小花能正常结实，下部的2朵小花已退化，仅各剩1枚披针状的外颖能正常结实的小花称为"颖花"，着生于小枝梗的顶端，有花柄。每个颖花由2个护颖、1个内颖、1个外颖、2个浆片（鳞片）、6个雄蕊和1个雌蕊组成。鳞片位于子房和外颖之间，是2个透明的小粒。雄蕊由花丝和花药组成，着生于子房基部，每3个雄蕊排成一列。花药4室，内含花粉，花粉粒圆球形，表面光滑。雌蕊由子房、花柱和柱头三部分组成。子房1室，内含1个胚珠。柱头二分，各成羽毛状。柱头有白色、淡绿色、黄色、淡紫色和紫色5种颜色，因品种而异。有芒品种，芒着生于外颖顶端。

（2）开花习性 稻穗顶端小穗露出剑叶的叶环为抽穗。水稻抽穗后当天，或抽出后1～2d就开花。抽穗后2～3d进入盛花期。一个穗的花期为5～8d，因品种、气候和穗的大小而异。一般早稻需 5 d 左右，中稻需 6～7 d，晚稻需 8 d 左右。水稻的开花顺序，一般是先主穗后分蘖；在一个穗上，上部枝梗上的颖花先开，以后依次向下开放，但并不是上部枝梗所有的花开完后，下部枝梗才开花，而是上部枝梗部分开花后，下部枝梗就接着陆续开花；在一个枝梗上，顶端的第 1 个颖花先开，随后是基部小花开放，然后由下向上逐次开放，其开花顺序由顶端开始为 1-6-5-4-3-2。水稻开花时，先是鳞片吸水膨胀，将外颖向外推开，花丝迅速伸长，花药开裂，花粉散出，进行授粉。开颖、裂药、散粉几乎同时进行，所以水稻是自花授粉作物。授粉后，花药吐出颖外，约 10 min 后，花丝凋萎，鳞片因水分蒸发而逐渐收缩，内外颖关闭。一朵颖花从开放到关闭需 0.5～2 h，因品种和气候条件不同而异。花粉落在柱头上 2～3 min 就可以发芽，30 min 后花粉管即可进入胚囊，在开花后 1.5～4 h 便可完成受精过程。柱头的生活力在田间条件下，于去雄后最多可保持 6 d，以去雄后 1～2 d 授粉结实率最高。花粉在自然条件下放置 3 min 后有 50% 失去生活力，5 min 后几乎全部失去生活力。水稻开花最适宜的温度为 25～30 ℃，最适宜的相对湿度为 70%～80%。在水稻开花期，气温低于 15 ℃ 或高于 40 ℃，都会造成不实。水稻每天开花的时间因品种、地区和气候条件等不同而有所差异。早稻每天开花时间早，晚稻较迟。一般早、中稻上午 8 时至下午 13 时开花，以上午 10～11 时开花最盛；晚稻在上午 9 时至下午 14 时开花，以上午 10～12 时开花最盛。当气温低时（近 20 ℃），开花推迟，从 12 时起才开始开花，至傍晚 17～18 时才结束。同日开花的籼稻和粳稻，开花的时间也不同。一般籼稻开花较早，而粳稻开花较迟，两者相差有时可达 2 h 以上。

4.1.2　小麦的花器构造及开花习性

（1）花器构造　小麦为自花授粉作物，复穗状花序。小麦的穗是由一个穗轴和 20～30 个互生的小穗组成。每个小穗包括 2 片护颖和 3～9 朵小花，最上部的 1 个或几个小花发育不完全或退化。一般情况下，只有小穗基部的 2～3 朵发育完全的小花结实。发育完全的每朵小花具有 1 片外颖（或外稃）、1 片内颖（或内稃）、2 个鳞片（或浆片）、3 个雄蕊和 1 个雌蕊。外颖厚而绿，内颖薄而透明，芒着生在外颖上。雄蕊由花丝和花药组成。花药两裂，未成熟时为绿色，成熟时黄色。花粉囊内充满着花粉粒，成熟时花粉囊破裂，散出花粉粒。每个花药约有 2 000 粒花粉。雌蕊由柱头、花柱和子房组成。柱头羽毛状，成熟时羽毛张开接受花粉。子房卵圆形，白色，受精后发育成一粒种子。2 个鳞片位于子房和外颖之间的基部，开花时鳞片细胞吸水膨胀推开外颖，呈现开花现象，以后膨胀减弱，颖片渐渐合拢。

（2）开花习性　小麦属于自花授粉作物。当雌、雄蕊生长发育成熟，外形

表现为：雌蕊柱头呈松散羽毛状，雄蕊的花药饱满呈黄色鼓槌状时，在一定的气候条件下，子房基部 2 个鳞片吸水膨胀，刺激内、外颖张开，张开角度为 20°～30°。张开角度的大小因品种和气候条件而变化。天气晴朗，水分充足时，夹角可达 40°；在干旱条件下，会小到 10°。接着花丝迅速伸长将花药送出颖壳外面。开花之初，花丝尚未露出颖壳时，花药即开始破裂，花粉便落到自己的柱头上而授粉，其余的花粉随风散布在空气中。小麦花粉的寿命短，干热的条件对其影响不利，在 18℃和 80% 相对湿度下，有些花粉能存活长达 1h。每一小花从开颖到裂药散粉仅为 3 min 左右，而其开放的时间为 5～30 min，因品种和气候条件而异。小麦开花按一定顺序进行。同一植株上主茎的穗先开；同一穗上中部小穗先开，然后依次向上、向下部开放；同一小穗中，基部两侧小花先开，然后依次向里开放。每穗从始花到终花需 4～6 d，以第 2～3 天开花最多。整株的开花期为 9～11 d。干旱天气开花期缩短，潮湿天气可以延长。小麦一般昼夜均能开花，但以白天开花较多。白天开花有两个高峰。一般多在上午 5～10 时和下午 16～20 时。但开花高峰的时间随品种、地区和气候条件不同而异。在沈阳地区一般以上午 5～8 时和下午 16～20 时最盛。小麦开花的最低温度为 9～11℃，最高为 30℃左右，最适温度为 18～20℃。开花时，雨水过多，日照不足，温度超过 30℃，都对开花不利。小麦开花时柱头就有接受花粉的能力。授粉后 1～2h，花粉粒开始萌发，再经 40h 左右完成受精。在正常温度、湿度条件下，柱头寿命可维持 7 d 左右，但以开花后 3 d 内受精能力最强。开花后 3～4 d 以后再授粉，结实率明显下降。花粉粒的生活力很短。春小麦花药的散粉期为 7～8 d，在开花后 3～4 d 有一个散粉高峰。

4.1.3 玉米的花器构造及开花习性

（1）花器构造 玉米是雌雄同株的异花授粉作物，属单性花。玉米的雄穗着生于植株的顶端，非常发达。雄花由茎顶端的生长锥分化而成，为圆锥花序，由主轴和侧枝组成。在主轴和侧枝上又着生着许多成对的雄小穗。每一对雄小穗由一个有柄雄小穗（上部）和一个无柄雄小穗（下部）组成。每一个雄小穗有护颖2片，中间着生有2朵雄小花，每一朵雄小花则由1片内稃（颖）、1片外稃（颖）、3枚雄蕊和一个退化的雌蕊组成。雄蕊由花丝和花药组成。花药的颜色有紫、棕、绿、黄等各种颜色。开花时花丝伸长，将花药送出颖外。每个花药有2室，每室有2 000～3 000粒花粉。一株玉米的雄穗有5 000～7 000个花药，共可散出2 000万～4 000万粒花粉。花粉粒呈青黄色，粒小质轻，借助风力可传播到很远的地方。玉米的雌穗又称为果穗，着生于植株的中部叶腋中（茎节上），由腋芽发育而成。玉米茎秆除上部的4、5片叶以外，每一叶腋中均有一个腋芽，这些腋芽通常只有1～2个发育成果穗（雌穗）。雌穗为肉穗花序，由穗柄、苞叶、穗轴和雌性小穗组成。穗柄和苞叶由腋芽延伸而成，一般有8～12节，每节上生出一片叶鞘的变形叶，相互重叠，称为苞叶。雌穗的中心部分是充满髓质的穗轴，穗轴上着生许多成对纵行排列的雌小穗。雌小穗无柄，基部有2片护颖，比子房短，肉质。每一个雌小穗有2朵小花，其中一朵为不孕花，只残留内外颖（稃）各1片，雌蕊不发育；另一朵为可孕花，有内外颖（稃）各1片和1个雌蕊。雌蕊由子房、花柱和柱头组成。花柱很短，不易辨认，柱头丝状，顶端二裂，俗称花丝。花丝成熟时，成束伸出苞叶外面，称为吐丝。花丝各部分密密地长满茸毛，能分泌黏液，便于粘住花粉。花丝的各部分都有受精能力。受精后花丝凋萎，下部的子房便结成一粒种

子。这样每行成对的雌小穗就能结出并排的两粒种子，这就是玉米果穗上的子粒行数常常是偶数的原因。

（2）开花习性　玉米雄花成熟先于雌花，一般散粉较吐丝早 3～5 d。雄穗抽出后 5 d 左右开始开花散粉。雄穗的开花顺序是：主轴中、上部的花先开，然后向上、向下依次进行；上部的侧枝先开，下部侧枝后开；同一侧枝上顶端小花先开，基部小花后开。一个雄穗从开始开花到全部散粉结束，需 7～8 d，因品种和气候条件而不同。开花 3～5 d 为盛花期。每天上午 8～11 时开花，以 9～10 时为最盛，但也因气候和品种不同而有差异。中午以后开花很少。花粉的生活力与采粉时的气候条件关系很大。在田间条件下，花粉的寿命能维持 5～6 h；在 25～30 ℃、相对湿度 60％时，花粉生活力可以保持 10 h 左右；在 5～10 ℃、相对湿度为 50％～80％的有利条件下保存，其生活力可维持 24 h；在高温干燥条件下，则会很快丧失生活力。玉米开花的最适温度和相对湿度是 25～28 ℃ 和 70％～90％。如果温度低于 18 ℃ 或高于 38 ℃ 往往不能开花，相对湿度低于 60％时开花很少。雌穗开花是指花丝伸出苞叶，即吐丝。此时该株的花粉已有一半以上散出。同一雌穗各部位上花的形成期不同，花丝生长速度也不同，各花与苞叶顶端的距离也不同，所以抽丝先后各异。通常是果穗基部以上 1/3 处的花丝最先伸出苞叶，而后向上、向下的花丝陆续伸出，果穗顶部的花丝最后伸出。一个果穗的花丝从开始伸出到全部伸出需 4～5 d，以第 3 d 抽出数最多。花丝一经伸出，就具有受精能力。花丝接受花粉的能力可维持 10 d 左右，但花丝抽出后 2～3 d 最易受粉。抽出的花丝如没有受精，可以继续伸长，有时可达 40 cm 以上，并保持新鲜色泽。一旦受粉，花丝很快凋萎而变成褐色。受粉后 20～25 h 即可完成受精。由于顶端的花丝伸出时间最迟，往往已接近散粉末期，所以果穗顶端常出现不结实而成秃顶现象。根据玉米雌、雄穗的开花习性，在进行人工自交、杂交和辅助授粉工作时，最适宜的时间应在开始抽出花丝后第 3～5 d。过早，花丝尚未出齐；过晚，则花丝的生活力下降，均不利于受粉结实。

4.1.4　大豆的花器构造及开花习性

（1）花器构造　大豆为总状花序，花很小，几朵至几十朵花簇生在一个花梗上，称为花簇。花簇着生在叶腋处或植株的顶端。大豆的花是蝶形花，每朵花的下部有 2 个绿色的苞片，披针形，长 4.5～5.5 mm，有明显的脉和刚毛。苞片内有 5 个绿色萼片，其上有茸毛，长 5～7 mm，萼片下部联合成筒状，顶端分成五裂。萼片内有 5 个花瓣（1 个旗瓣、2 个翼瓣、2 个龙骨瓣），花瓣紫色或白色。外面最大的一个叫旗瓣，在未开放时包围其余 4 个花瓣。旗瓣内为 2 个翼瓣，再往里是 2 个连结在一起的龙骨瓣，略呈弯曲状。龙骨瓣包着 10

个雄蕊，每个雄蕊由花丝和花药组成，其中有 9 个雄蕊的花丝联合在一起成管状，称为管状雄蕊，单独的 1 个叫单体雄蕊。雄蕊的中央有 1 个雌蕊，由子房、花柱和柱头三部分组成。柱头球形，子房一室，内含 1～4 个胚珠，子房基部有不发达的腺体。

（2）开花习性 大豆从出苗到开花的时间因品种而异，一般沈阳地区的春播大豆为 50～60 d，夏播大豆为 30～40 d。大豆的开花顺序因结荚习性而不同。无限结荚类型的基部花簇开花最早，然后逐渐向上依次开放，开花期较长，一株大豆从开始开花到开花结束，一般要经过 30～40 d，结荚分散；有限结荚类型的由上中部开始开花，然后向上下开放，开花期较短，一般为 20 d 左右，花密集在主茎及分枝顶端。在开花初期只有个别的花单独开，至末期许多花一起开。大豆每天早晨 7 时开始开花（有些地区 6 时），8～10 时开花最多，午后开花减少或不开。一朵花从花蕾形成到开放需 3～7 d。每朵花的开放时间因品种和气候条件而异，短的仅 30 min，长的可达 4 h，一般为 2 h 左右。大豆的雄蕊在花瓣开放前便已成熟，雌蕊成熟的更早，由于雄蕊的花药包围了雌蕊的柱头，大豆花在未开放前花药就已经成熟破裂，完成了授粉作用，因此大豆是一种自花授粉作物，天然杂交率不超过 1%，一般为 0.4%。大豆开花的最适温度是 25～28 ℃，最适湿度是 70%～80%。温、湿度过高过低都会影响其开花，甚至不开花。在干旱情况下容易落花。大豆的花在夜里生长发育很快。大豆花粉的生活力可保持 1 个昼夜左右，柱头生活力可保持 2～3 d。

4.2　水稻杂交技术

水稻杂交技术通常包括调节开花期、选株、整穗、去雄、采粉和授粉以及收获等几个步骤，其中最关键的技术环节是去雄和授粉。

（1）**调节开花期**　水稻母本和父本花期的调整，可以采用分期播种的方法，使二者的花期相遇。

（2）**选株**　选株主要指选择母本植株。要选择具有本品种典型性状、生长健壮和没有病虫害的植株作母本。

（3）**整穗**　先用剪刀剪去稻穗上部和下部枝梗上的小穗，将中部枝梗上的小穗留下，然后在中部枝梗上留下 20～30 个当天或次日能够开花的小穗，将其他小穗统统剪去。当天能够开花的标志是花丝已经伸长，花药即将顶到内稃上端；次日开花的标志是雄蕊的长度已达内稃长度的 2/3。可以将小穗对着太阳观看，从外表能隐约看到雄蕊在花里的位置。

（4）**去雄**　水稻去雄方法多种，有温水杀雄、剪颖去雄、化学杀雄等，育种中采用较多的是前两种。温水杀雄去雄较彻底，但操作不便，效率低，不能满足高效育种工作的需要；剪颖去雄是应用最多的方法，操作简便实用，但该方法也有自身难以克服的缺点，就是将一朵颖花中的花药完全剪去的同时，很容易伤及雌蕊柱头。一般情况下雌蕊柱头在颖壳中低于雄蕊花药，但很多水稻品种也存在着柱头与花药齐平或者微低的情况，常规剪颖去雄难以保证不伤及柱头。柱头被伤，则杂交失败。

①剪颖去雄法：水稻小花的内、外稃在开花前抱合很紧，不易摘除雄蕊。用剪刀剪去内、外稃的上端，露出雄蕊，就使摘除雄蕊的工作容易进行，这种方法称为剪颖去雄法。用剪颖去雄法去雄时，在整过穗的穗上，用剪刀从小花外稃上部斜剪去 1/3 到 1/4。这是因为雌蕊靠近内稃，从外稃上斜剪不会损伤柱头。剪完后，用镊子伸入内稃，轻轻夹出 6 个花药。夹取花药时，动作要轻而准确，既不能漏夹花药，也不能将花药碰破。万一碰坏花药，必须将整个小穗淘汰。每朵花去雄后，要将镊子插入 70% 酒精中浸泡片刻，杀死上面可能沾带的花粉。去雄后的稻穗要套上纸袋，并将纸袋下面的开口沿穗柄折合，用回形针别好。同时栓上标牌，写明母本品种名称、去雄日期和操作者姓名。留待下一步授粉。用剪颖去雄法去雄时，必须掌握好去雄的时间，一般应在开花前 1 d 下午或当天开花以前进行。去雄时，不能将未成熟的或过分成熟的小花作为去雄杂交对象，因为这样的小花容易发生不结实或自交的情况。

②改良剪颖去雄法：将水稻颖壳中的雄蕊花药完全剪去改为剪去 1/2 或更少，总之，要将花药剪破，然后马上向剪雄后的颖壳内浇水，将花药打湿。由于雄蕊被打湿，湿度增加，花丝很快就会伸长，干瘪的花药伸出颖壳，此时用手指轻弹几下，干瘪的花药都会被弹掉，然后套上纸袋，等待授粉。由于该法剪颖的高度提高，伤及雌蕊柱头的可能性大大降低，从而提高了杂交的成功率。该法可在授粉的前 1 d 下午等花完全开后剪颖浇水，然后第 2 天上午开花之前套袋，能显著提高工作效率。

③套袋去雄法：将黑色纸袋套在能在当天开花的稻穗上，经过 15～20 min，利用纸袋增温促使小花内、外稃自动张开，便于摘除花药，用这种方法去雄，称为套袋去雄法。用套袋去雄法去雄时，先将黑色纸袋摘掉，对内、外稃已张开的小花，用镊子将花中尚未开裂的花药一一摘除。对于内、外稃未张开、或虽已张开但花药已经开裂的小花要从小穗基部全部剪掉。操作结束后，再套上白色隔离袋，拴好标牌，准备下一步授粉。套袋去雄法比较方便，去雄容易，而且不伤花器；但套袋时间不易掌握，因为套袋时间过短，开花不多；套袋时间过长，花药在黑纸袋内常常破裂，而且 1 次所开的花朵较多，往往去雄工作难以跟上。

④温汤去雄法：水稻的雌雄蕊对温度的感应不同，雌蕊的耐温力远大于雄蕊。将稻穗放入 44～45 ℃温水中浸泡 8～10 min，花粉就会完全丧失萌发能力，但雌蕊的生活力却不受任何影响。用这样的方法消除花药，称为温汤去雄法。温汤去雄法的具体做法是用保温瓶或保温杯，盛取 44～45 ℃温水，在每天开花最盛以前的 1 h（大约在上午 11 时），将整个稻穗，放入保温瓶（杯）中浸泡 8 min，取出后，经过 20 min 左右，当天能开花的小花内、外稃就会打开。这时，将内、外稃不张开的小花全部剪掉，用纸袋将稻穗套好并拴好标牌。

（5）采粉和授粉

①传统授粉：去雄的母本稻穗，应在当天或次日进行人工授粉。当父本稻穗进入开花盛期时，事先用 1 张光滑纸叠成容器，摇动父本稻穗，使花粉散落在容器里，然后立即拿到母本植株处，用毛笔蘸取一点花粉，轻轻抹在柱头上。授粉的动作要轻，速度要快，花粉从采收到涂抹，不能超过 3 min，否则生活力就会急剧下降。授粉后，应继续将母本稻穗套好纸袋。30 min 后，花粉管进入胚囊，受精过程在开花后 1.5～4 h 内完成。杂交穗的纸袋，如果授粉小花内的子房已经膨大，表示已经受精，说明杂交成功了。为使杂交种子正常进行生长发育，可暂时不套纸袋，待籽粒长大时再套纸袋，以防鸟类啄食。

②常规授粉：一般是利用盛花的父本穗，在剪颖的母穗上抖动，使花粉落在母穗花的柱头上达到授粉的目的。该法实用，但在大风的情况下该法效果并不好。因为盛花的父本穗经大风一吹，所剩的花粉已很少，在人工取穗时碰撞又使花粉散落，花粉所剩无几，杂交成功率大打折扣。

③新技术授粉：是指在父本穗盛花之前（少数颖壳开始开花），将父本穗剪下，剪去已开过花的穗子，将剩下的穗用水打湿，然后甩干放入套纸袋的母穗上，将纸袋口封住。等不久父本穗大量开花时抖动父本穗，父本穗上的花粉就不会有任何损失，从而能显著提高工作效率和杂交成功率。该法的原理在于：一天内一穗开花的时间与温度、湿度、品种三因素有关。水稻一般要求温度在 20 ℃以上，相对湿度高于 60％才能正常开花，开花最适温度 28～32 ℃，

最适相对湿度为 $80\%\sim90\%$。开花的最适温度来临时，水稻将进入盛花期，若此时湿度不够（小于 60%），将不利其开花。新方法中将父本穗打湿甩干后放入纸袋中封闭，当开花的最适温度来临时，封闭的纸袋中的湿度已达到 $80\%\sim90\%$，有利父本穗的开花。

改良剪颖去雄法和授粉新法相结合是一种行之有效、高效便捷的水稻杂交新技术。它的普及应用，有助于推动水稻杂交育种。

（6）收获 杂交籽粒成熟后，将每个杂交稻穗单独脱粒、保存，供来年播种观察。

4.3 小麦杂交技术

小麦为自花授粉作物，但有一定的天然杂交率，其天然杂交率在 1% 以下。杂交率随气温和品种不同而有区别。小麦开花最适宜的温度为 $18\sim20\ ℃$，最低温度为 $9\sim11\ ℃$，如遇旱风和 $40\ ℃$ 以上高温也要受害。开花时如遇到高温或干旱，天然杂交率就容易上升。因为在高温干旱条件下，花粉极易失去生活力（在正常气候条件下，其生活力也只保持几个小时），而柱头的受精能力却往往能保持一段时间。在正常条件下柱头寿命可维持 $7\ d$ 左右，经过 $3\sim4\ d$ 后结实率明显下降。一旦气温下降或干旱减轻，则能接受外来花粉，发生天然杂交。有些小麦品种，开花时稃片开张较大，开放时间较长，天然杂交的机会增多。授粉后经 $1\sim2\ h$，花粉粒开始萌发，再经 $40\ h$ 左右完成受精。

小麦杂交有调节开花期、选穗、整穗、去雄、采粉、授粉和收获等步骤。

（1）调节开花期 小麦父、母本的花期调节，可根据品种是春性、半春性品种还是冬性品种，采取一定措施。如果是春性、半春性品种，可采取分期播种的方法，如果是冬性品种，可采取春化、光照处理方法，使二者花期相遇。

（2）选穗 选穗是指选择母本的麦穗而言。在母本去雄前，应选择适合的麦穗。入选的麦穗应该是发育良好，健壮和具有本品种典型特征的主茎穗或大分蘖穗。选穗时间一般在麦穗抽出以后、穗下的茎露出叶鞘大约 $1.5\ cm$ 时进行。麦穗初步选中以后，用镊子打开麦穗中部的小花，观察它的花药，如果花药正在由绿变黄，就是理想的杂交穗。因为这样的麦穗当天去雄后，第 2 天就能授粉杂交。

（3）整穗 麦穗一旦选定，应马上进行整穗。整穗时，先用镊子将麦穗上部和基部的小穗去掉，保留麦穗中部的小穗，然后中部每个小穗只保留小穗基部的两朵小花，其余小花要统统摘除。最后，如果母本是有芒品种，应将芒剪掉，以便于杂交工作的进行。经过上述整穗过程，杂交穗上只留下了 10 余朵发育良好、生长健壮的小花。

（4）去雄 整穗后立即去雄。小麦花在未开放以前，内、外稃紧闭，为去除花内的花药，可用手指和镊子将内、外稃分开，然后将花内的花药夹出来。这种去雄方法称分颖去雄法，是小麦去雄常用的一种方法。

运用分颖去雄法去雄时，先用左手大拇指和中指捏住麦穗，用食指轻轻压住要去雄的花朵内、外稃顶部，右手用镊子轻轻插入内、外稃的合缝里，利用镊子的弹性使内、外稃略为张开，然后轻轻夹出 3 个花药。注意不要将花药夹破或夹断，也不能碰伤柱头，并且要数清 3 个雄蕊是否已全部取出。

整个麦穗的去雄工作要先从麦穗的一侧开始，从上向下进行，做完一侧再做另一侧，按顺序进行，以免遗漏。去雄时，如发现花药已经变黄或已经破裂，应立即将这朵花除去。每朵花去雄后，应该将镊子浸入酒精中，杀死可能沾带的花粉。

麦穗全部去雄后，套好纸袋，拴好标牌，标牌上写清母本名称、去雄日期和操作人员姓名等内容，等待人工授粉。

（5）采粉 采集父本花粉，应该在上午小麦开花最多的时候进行。父本麦穗中如果有 1～2 朵小花已经开放时，说明即将有更多的花朵开放。为迅速得到花粉，可在此时将上述已见开花的麦穗用手轻抹 2～3 次，并且同时多抹几个麦穗。稍等片刻，就可以看到大量小花的内、外稃已经张开，露出花药。此时，要赶快将麦穗弯进光滑纸片叠成的容器中，用镊子轻敲麦穗，将花粉振落在容器中。用这种方法，一次可以采集较多的花粉。采集的花粉不要在阳光下照晒，应立即用来进行授粉。

（6）授粉 当母本麦穗去雄的小花上，柱头呈羽毛状分叉并带有光泽时，表示柱头已经成熟，应马上进行授粉，一般在去雄后的第 2 天。因此，授粉工作在去雄后的第 2 天午进行为宜。

授粉时，先取下母本麦穗上的纸袋，一只手捏住麦穗，另一只手用毛笔蘸取刚刚采集的父本花粉，轻轻抹在柱头上。授粉要按顺序进行，从上向下授完一侧再授另一侧。

授粉结束后，要重新套好纸袋，并在标牌的另一面写上父本名称和授粉日期，然后剪去标牌的一角，以示授粉完毕。在授粉 10 d 以后，要将纸袋摘掉，以使杂交穗正常生长发育。

（7）收获 麦穗成熟后，要及时剪下杂交穗，并将每个杂交穗单独脱粒和保存，以供来年播种检验杂交是否成功。

4.4 玉米的自交和杂交技术

4.4.1 玉米自交技术

（1）雌穗套袋 选择需要自交的植株在雌穗吐丝以前用羊皮袋套住，以免非本株花粉落上混杂。如果是双果穗或多果穗材料，应选择最上边的一个果穗套袋。

（2）**雄穗套袋**　观察雌穗吐丝情况，当雌穗吐丝且花丝长度达到 5 cm 以上后可对其授粉。授粉的前 1 d，用大羊皮纸袋将本株雄穗套住，袋口紧紧包住雄蕊基部（穗柄）折叠好，并用回形针卡紧。

（3）**授粉**　次日上午纸袋上的露水干燥后，用左手轻轻弯下套袋的雄穗，右手轻拍纸袋，使花粉落入袋内，然后取下纸袋紧闭袋口，切忌手指伸入纸袋，更不能触及袋内的花粉。再将袋口微微向下倾斜，轻拍纸袋，以使袋内花粉集中于袋口中间。然后用头上戴的草帽遮住套袋果穗的上方，轻轻将小纸袋取下，把大纸袋内的花粉均匀地撒在花丝上，立即将小纸袋套回。授粉时动作务必轻快，切忌触动周围植物，以免串粉混杂。自交授粉后，立即在自交果穗上拴牌。重要材料还要在记载表上登记，以防牌子丢失发生差错或漏收。牌上用铅笔注明材料名称（或行号）、授粉方式、授粉日期、操作者姓名。一株授粉结束后，将身体上的花粉清理干净，再进行第 2 株的授粉工作。

（4）**授粉后的管理**　授粉后 1 周内，要经常注意纸袋和标牌是否完好，因为随着果穗的生长增大，容易将其顶掉，所以要注意及时套好。

（5）**收获与保存**　自交果穗成熟后，要及时收获，将果穗与标牌拴在一起，晒干后分别脱粒装袋保存。除把标牌装入袋内，袋外还必须写明材料名称和自交符号。

4.4.2　玉米杂交技术

关于玉米人工杂交工作中的套袋、授粉和管理工作等与自交技术基本相同，只是所套的雄穗是作为杂交父本的另一个自交系（或品种）而不是同株套袋授粉。授粉后的标牌上应注明杂交组合名称，或母、父本的行号（♀×♂）。收获后，先将同一组合的果穗及标牌装袋收获，经查对无误时，再将同一组合的果穗混合脱粒，晒干保存。

4.5　大豆杂交技术

大豆杂交包括选株、定蕾、去雄、授粉、日常管理和收获等几个主要步骤。

（1）**选株**　选择具有母本品种典型性状的、生长健壮无病虫害、基部已有 1～2 个花序开花的植株做母本。

（2）**定蕾**　从选定的母本植株上，确定合适的花蕾去雄。无限结荚习性的品种宜选主茎中上部花蕾，有限结荚习性的品种宜选主茎中部各节花蕾，因主茎基部和顶端的花蕾易脱落或发育不正常，故一般不用。每一植株选 2～4 个花序，每一花序选留 1～2 个花蕾，已开过的和幼嫩花蕾全部摘除，留作去雄的花蕾以花序尚未完全伸出花萼，但已能看出花冠的颜色即在萼片间隙露出 1～2 mm 为宜。

（3）去雄 大豆花在开放时已完成自花授粉，所以应在花蕾期去雄。去雄最好在杂交前 1 d 下午 4～5 时进行，也可在杂交当天上午 7 时以前进行。

①去萼瓣：用左手拇指和食指夹住花蕾，右手持镊子先将萼片上半部分摘除，再将花瓣逐一摘除，或用镊子斜夹花冠上部，轻轻上拨，将整个花冠连同雄蕊一起拔除，使柱头露出。

②不去萼瓣：如果不去萼瓣，则用镊子将旗瓣和翼瓣分开，使龙骨瓣露出，再用镊子将龙骨瓣剖开，用手指压住使雌雄蕊露出。

（4）授粉 上午去雄后即可授粉，若前 1 d 下午去雄的，则待次日上午 7～10 时授粉。在具有父本品种典型性状的植株上，选摘花瓣未开、龙骨瓣尚未裂开的花朵采粉。将采集花朵的萼片摘除，剥开花瓣，露出花药，如果花药开裂散粉，则可打开包裹在去雄花上的叶子，将花药轻轻地在柱头上涂抹授粉，授粉后再用新鲜叶片包裹整个去雄花朵，并用叶柄扣好隔离，这样既起隔离保护作用，又可保持一定的湿度。

（5）日常管理 授粉后，将花序基部发育较迟的赘芽花芽去除，否则杂交不易成功。授粉完毕后，在杂交花的花柄上挂上标牌，写明杂交组合代号或名称、授粉日期及操作者姓名，并在工作本上做好记录。

授粉 1 周后，去掉杂交花上包裹的叶片，如杂交成功，则子房已开始膨大，摘去杂交花旁新长出的花蕾。为提高杂交成荚率，应加强水分管理，如遇干旱，杂交圃要及时灌溉，保持土壤水分充足，田间小气候湿润。

（6）收获和贮存 成熟后，按组合及时收获杂交豆荚，晒干脱粒后，将同一组合的杂交种子连同标牌一起装入种子袋中妥善保存，由于大豆花较小，杂交较难，脱落率高，故杂交时需要按计划多杂交一些花，以确保 F_1 的种子数量。

4.6　棉花杂交技术

棉花杂交有选株选花、去雄、采粉、授粉和收获等步骤。

（1）选株选花 选择性状典型、纯度高、生长良好的棉株作为母本株，在母本株上，选择中部果枝上靠近主秆第 1、2 节位的正常花作为杂交花朵。

（2）去雄 适宜的去雄时间是开花前 1 d 的下午 3 时左右。判断花朵次日开放的标志是花冠已经长大，已经伸出于副萼之外。这样的花，第 2 天早晨即可开放。棉花去雄常用的方法有徒手去雄和工具去雄两种。

①徒手去雄：用手将花冠和雄蕊管一起撕去，只保留雌蕊。操作时不要碰伤子房和压破花药。去雄后用顶端带节的 3 cm 长的麦管套住柱头，一直压到子房上端，但麦管上端有节的部分须离开柱头 1 cm 以上。套好麦管后，挂上标牌，标牌上写明母本名称和去雄时间。

②工具去雄：是用剪刀剪去花冠，再用镊子除去花药。如有残留花粉，可用清水洗净。去雄后用麦管套好柱头，并挂好标牌。

（3）授粉 选择与母本花朵同时开花的父本花蕾，在开花前 1 d 用纸袋将花蕾套好，以防止昆虫进入花内，带进其他花粉。

第 2 天上午 9～10 时，将父本花朵摘下，将花瓣向外翻卷，在此同时，摘下母本花中柱头上的麦管，用父本雄蕊在母本柱头上轻轻涂抹几下，完成授粉工作。涂抹时，量要多些，以利受精。然后，再用麦管套好柱头，并在标牌上写明父本名称、授粉日期和操作者姓名。

（4）日常管理和收获 授粉后，应对母本植株加强整枝，并疏去过多的蕾铃，以保证杂交铃的正常生长发育。收获后将杂交铃单独收获、脱粒和保存。

4.7 油菜的自交和杂交技术

4.7.1 油菜自交技术

（1）选株隔离 自交前 1 d，选具有该品种典型性状、健壮无病虫害的植株，用镊子摘除花序上已开放的花朵，然后套袋隔离。次日上午 9 时后，取下隔离袋，用镊子摘下主花序上当天开放的花朵，置于培养皿中，加盖，待授粉时使用。

（2）剥蕾授粉 整序。用镊子摘除同一株上将开放的较大的花蕾和花序顶端幼小花蕾，剩下开花前 2～4 d 的 15～20 个花蕾供剥蕾授粉。

授粉。用镊子将花瓣逐一剥开，使柱头外露（可以不去雄），随即用镊子夹取培养皿中已开裂散粉的花药，在剥开外露的柱头上轻轻涂抹授粉。若有几个组合同时授粉，每授完一个组合后用 70% 酒精棉球擦手和镊子，杀死所蘸着的花粉。

（3）套袋挂牌 授粉后重新套袋，下端袋口斜折，用回形针固定，注意切忌将回形针夹住茎秆，并在花序基部挂上标牌，写明品种代号或名称、日期和操作者姓名。

（4）管理 授粉套袋后，每隔 2～3 d 提升纸袋，以利花序伸长，避免穿破纸袋，约 1 周后取下纸袋，以利角果和种子的发育。

（5）收获 待角果成熟后，摘下整个花序连同标牌一起放入尼龙丝网袋中，晒干脱粒后，将种子连同标牌一起放入种子袋中，写明品种代号或名称，妥善贮存，并在工作本上做好记录。

除上述剥蕾自交外，近年来也有探索用喷洒化学药剂使隔离层蛋白溶解、沉淀和变性，以克服自交不亲和，如用 10% NaCl 喷洒当天开放的花朵，5～10 min 后授以同株上的花粉，也可获得自交种子。

4.7.2 油菜杂交技术

（1）**父本套袋隔离** 要杂交前 1 d，选具有父本品种典型性状、健壮无病虫害的植株，用镊子摘去花序上已开放的花朵，然后套袋隔离，以供采粉。

（2）**母本选株整序** 在父本套袋隔离的同时，选具有母本品种典型性状、健壮无病虫害的植株，用镊子摘去花序上已开放的花朵和花序顶端的幼小花蕾，剩下次日即将开放（花萼已裂开、微露黄色）的 10～15 个花蕾供去雄。

（3）**去雄** 用左手固定花序和花蕾，右手用镊子分开萼片和花瓣，小心地将 6 枚雄蕊摘去，切勿损伤柱头和余留花药，如遇花药破裂，应将该花去除，并将镊子尖浸入酒精中，以杀死所蘸花粉。

（4）**套袋挂牌** 待所有花蕾去雄完毕后，立即套上纸袋，下端袋口斜折，用回形针固定。

（5）**授粉** 授粉于去雄后的当天或次日选晴朗天气进行。采粉：用镊子摘取事先已套袋父本花药已开裂的花朵，置于培养皿中，加盖。授粉：取下母本株上的纸袋，用镊子夹取培养皿中的花药，在母本柱头上轻轻涂抹授粉。授粉后立即套袋隔离，挂上标牌，写明组合代号或名称、杂交日和操作者姓名，并在工作本上做好记录。

（6）**管理收获和贮藏** 授粉后的管理、收获和贮藏按自交技术步骤 4、5 进行。

第5章

现代农业生产模式介绍与无土栽培技术

5.1 现代农业生产模式介绍

5.1.1 立体农业

（1）**立体农业的概念** 立体农业（Stereoscopic agriculture）又称层状农业，是相对于单一种植或养殖的平面农业而言，是指在一定的面积（土地或水域、区域）上，根据各种生物的生长繁殖特点和生物学特性，充分利用生物间的相互关系以及时、空、光、热、水等资源，实现物种多方式共存、资源多层次配置、能量多级循环利用的立体种植、立体养殖或立体种养的集约型农业经营模式，从而充分利用自然资源，增进土壤肥力，减少环境污染，获得更高的产出，实现经济、生态和社会效益的统一。

立体农业的构成有几个基本单元，包括物种结构（多物种组合）、空间结构（多层次配置）、时间结构（时序排列）、食物链结构（物质循环）和技术结构（配套技术）。

（2）**立体农业的发展现状** 立体农业在国外兴起较早，如早在1930年代初，美国和苏联为制止乱垦滥牧的现象，就推行了玉米和苜蓿简种、麦茬复种大豆，实行草田轮作、农牧结合与防护林带营造等立体综合开发。20世纪80～90年代，美国和日本大力发展工厂化种养生产，如室内无土立体栽培瓜菜、高层楼立体养鱼等。

立体农业最早产生于农作物的间作套种。这一模式在中国已有2 000多年的历史，如长期生产实践中形成的珠江三角洲的基塘农业。我国立体农业兴起于20世纪80年代初，是在传统的间种、套种、复种及种养一体化生产经营的模式上发展而来的，是传统农业生产技术与现代农业科学技术有机融合的全面体现，主要着眼于自然资源和社会资源的多梯度利用，将尽可能多的资源转化成生物产品，从而提高农业系统的生产能力，改善生态环境。截至目前，我国已先后出现数十个类型近千余种的立体种养模式，其中最为典型的3种如下：

①基塘立体农业：基塘是指水塘及包围水塘的小地块。基塘农业模式是我

国珠三角地区创建的一种新型立体混合农业，利用江河低洼地挖塘培基，水塘养鱼，基面栽桑、植蔗、种植瓜果蔬菜或饲草，形成"桑基鱼塘""蔗基鱼塘"或"果基鱼塘"等种植和养殖结合的生态农业系统。在这里，通过人工把洼地深挖成池塘养鱼，挖出的泥土堆在四周成"基"。这样既可在暴雨洪水时防止塘水泛滥，又可在"基"面上栽培桑树、甘蔗、果树等。"桑基鱼塘"是池中养鱼、池埂种桑的一种综合养鱼方式。从种桑开始，通过养蚕而结束于养鱼的生产循环，构成了桑、蚕、鱼三者之间密切的关系，形成池埂种桑、桑叶养蚕、蚕茧缫、蚕沙、蚕蛹、缫丝废水养鱼、鱼粪等泥肥肥桑的比较完整的能量流系统。在这个系统里，蚕丝为中间产品，不再进入物质循环。鲜鱼才是终级产品，提供人们食用。系统中任何一个生产环节的好坏，也必将影响到其他生产环节。基塘农业有机地结合了"基"和"塘"两种生产模式，二者相互促进、互为利用，构成基与塘互养的水陆物质循环体系，提高了资源利用率和经济效益，是一种高效的人工农业生态系统。

②鱼塘-台田立体农业：山东禹城北部一片洼地，地势低平，海拔仅17.5 m，渍涝严重。该地因洼制宜，发展形成了鱼塘-台田立体农业模式，是黄淮海平原农业发展的典型。在鱼塘-台田立体种养模式中，鱼塘和台田各有自己的物种结构。从鱼塘的物种结构看，表层养鸭，上层养白鲢和鳙鱼，中层养草鱼，底层养鲤鱼、鲫鱼。草鱼吃草，其粪便可作水体中的浮游动植物的养料，并增加水体中絮凝物，成为鲢鱼、鳙鱼的饲料。鸭子在水面活动，排泄物落入水体，不断提供碳、氮源和磷源，提高鱼塘中鱼类天然饵料生物的产量。鱼塘-台田立体农业系统包括两个相互影响、相互促进的子系统。台面和坡径上的盐分、养分和有机物质通过地表径流，对鱼塘水质产生影响。台田种植的粮、饲草等是鱼饵料来源。因此，将鱼塘和台田物种有机结合的配置，能提高光能利用率，增加初级生产力，合理调配食物链，有效利用了空间和水体，提高物质和能量的转换效率。这是我国低湿涝洼地新型农业生态区建设的典型。

③丘陵立体农业：我国江南地区以低山丘陵为主，农业用地类型多样，但利用形式单一，多发展一种或几种农作物品种，且人多地少，水土流失问题突出，针对这些问题发展产生了"丘上林草丘间塘、缓坡沟谷果鱼粮"的立体农业布局形式。丘陵立体农业因地制宜，生产类型多样，林业、畜牧业、渔业、种植业等都有布局。从比重上看，林业（果园和经济林）用地面积最大，超过一半以上。丘陵立体农业的发展，具有多方面的优越性：一是充分发挥丘陵山地水土资源潜力；二是减少对有限耕地的压力，缓解人地矛盾；三是改善农业生态环境，建立良性生态循环。

（3）立体农业的发展方向

设施立体农业 设施农业是现代农业的象征，目前已从简易隧道式塑料布棚、日光温室等发展到智能调控的自动化、机械化程度极高的现代化大型温室和植物工厂。将设施农业与立体农业融合，将设施农业的高光效与科学调控应用到不同的互作作物上。植物工厂正是这方面的典例，通过营养液补充植物生长所需养分，从种植到收获采用计算机控制，实现自动化生产。

精准立体农业 精准农业是立足于一系列科学技术新成果的新型农业，其技术组成主要包括全球定位系统、地理信息系统、农业信息采集技术、农田遥感监测技术、环境监测技术和智能化管理系统。其中最核心的是 3S 技术，即全球定位系统（GPS）、地理信息系统（GIS）和遥感技术（RS）。由于立体农业，特别是异基面的立体农业，地形跨越大，不同纬度的气候条件往往有所不同，若要因地制宜地充分利用，对环境资源的即时监测显得尤为必要。

城市立体农业 城市立体农场的种类包括屋顶种植、建筑室内种植、地下空间种植、墙体种植、阳台种植，但目前大部分体量较小，典型立体农业的物种间相互利用特征不明显。由于立体农场建筑具有高耗能特征，设计者往往尝试借助可再生能源设备获取自然资源，如太阳能、风能等。随着无土栽培、植物工厂、有机废水废物处理、可再生能源应用等相关技术的发展，城市立体农业的层次将更加丰富。

庭院立体农业 庭院经济的发展具有多方面的重要意义。据不完全统计，2001 年全国庭院的土地面积约 794 万 hm^2，占我国耕地总面积的 6.0%。此外，发展庭院经济可有效解决农村剩余劳动力的问题，在不占用耕地条件下增加农民收入。庭院立体农业局限于简单的上下层作物配置：上层以葡萄等蔓生作物为主，占天不占地，管理容易，结果早、产量高；下层一般为耐阴植物，往往生长温度较低，与葡萄的生长期错峰，常见的如草莓、香菜、大蒜、菠菜、小白菜等。

目前的庭院立体农业具有模式简单、产品种类缺乏市场针对性、管理水平低、低经济效益模式比重高等特点。需提高农民对庭院经济潜力的认知，发展庭院加工业和以沼气为纽带的生态农业模式，种植特色果蔬、中药材、野菜等附加值较高的经济作物，并通过政策扶持形成配套服务网络，围绕实际需要做好优良品种提供、信息网络传递、拓宽销售渠道等，使庭院经济形式要由兼业型向专业化发展，经营环节应由独立型向合作化发展，作物间搭配、复种向层次更高、效益更好的方向发展。

5.1.2 生态农业

（1）生态农业的概念 生态农业（Ecological agriculture）的概念最早由美国土壤学家 W. Albreche 于 1970 年提出。这一概念的提出，引起了国际学界的热烈讨论。随后，许多相类似的概念也开始出现，如自然农业、有机农业、综合农业、生物生态农业等。目前对于生态农业的定义已基本达成统一，指在保护农业生态的前提下，以生态学理论和现代管理学等作为理论指导，运用系统的工程方法，以高效利用农业自然资源，因地制宜的设计和发展当地农业生产的一种模式。

20 世纪 80 年代初，农业现代化的一些弊端开始显现，引起了我国生态学家和农林科技工作者的重视。人们认识到农业的发展，不仅要提高产量以满足人们对农产品的数量需求，还要提高质量以保障食物的安全需求，发挥农业生态系统的多种功能。1982 年，我国著名农业生态学家叶谦吉教授正式提出了中国的"生态农业"这一术语。生态农业是指将农业生产、农村经济发展和生态环境治理与保护、资源培育和高效利用融为一体的新型综合农业体系。它以协调人与自然关系，促进农业和农村经济社会可持续发展为目标，以"整体、协调、循环、再生"为基本原则，以继承和发扬传统农业技术精华并吸收现代农业科技为技术特点，强调农林牧副渔大系统的结构优化，把农业可持续发展的战略目标与农户微观经营、农民脱贫致富结合起来，从而建立一个不同层次、不同专业和不同产业部门之间全面协作的综合管理体系。

生态农业注重多种方式的混合经营，科学组合。通过将农业与第二、第三产业相结合，积极利用现代科技发展的成果，实现各种资源之间的统筹协调，从而实现农业发展与生态保护的同步共进。通过各种资源的调动，实现经济发展与环境保护的协调统一，达到生态效益、经济效益和社会效益的统一。从广义上来说，凡是将生态效益列入发展目标，并且自觉地将生态学原理用于生产之中的农业，都可以称为生态农业。

（2）**生态农业的发展现状**　生态农业兴起于 20 世纪 20 年代的欧洲，之后在英国、瑞士、日本等国家得到了推广和发展。到 1960 年，已经被许多国家和地区所接受和认可，并开始广泛传播和推广。到了 20 世纪末，生态农业在全球范围内都有了长足的发展。菲律宾的玛雅农场、瑞典的生态农业循环、德国的生态农产品以及以色列的节水生态农业模式都是生态农业发展方面的典型代表。随着全球绿色意识和环保理念的扩展，生态农业更是受到极大的关注和重视。

我国在生态农业方面的探索实践贯穿于数千年的农业发展过程中。《吕氏春秋》中就曾明确指出："夫稼，为之者人也，生之者地也，养殖者天也。"这段话的大概意思是说，在农业生产中，人是农业生产的劳动者，土地是农作物生长的基础，天气和气候条件是农作物生长的保证。这段话深刻地阐明了农业生产中各项要素的关系。中华人民共和国成立后，作为国民经济的支柱产业，农业以粗放的传统生产方式为主。在农业生产的过程中，为追求产量的提升，大量的使用化肥、农药等，造成了农业环境的严重污染。水资源开采过度、过度垦荒、滥砍滥伐以及超载放牧等也使得土壤沙化现象十分严重。面对这些问题，我国开始积极探索农业发展的方向和思路，并且开始进行相关农业生产实践，生态农业随之在我国兴起。1992年，我国提出要增加生态农业投入，推广生态农业，把发展生态农业作为我国环境与发展的十大对策之一。1993年国务院召开了第1次全国生态农业县建设会议，将生态农业建设作为政府的重要工作任务。党的十八届三中全会决定进一步明确了对推进农业规模化、专业化、现代化经营的扶持政策，为现代生态农业的发展给予了制度保障。

（3）国外休闲观光型生态农业

英国EDEN伊甸园（科普观光型） 1994年英国人提姆·史密特首次提出要在一个已经受到工业污染和破坏的地区重建一个自然生态区的想法。2000年在英国南部康沃尔郡废弃的矿山上兴建的伊甸园项目成为全球最大的生态温室。目前，这里汇集了几乎全球所有的植物，超过4 500种。13.5万棵花草树木在此构成了一个集科学与娱乐为一体的博物馆，不仅是人们休闲娱乐的场所，还是一个生态教育的天然课堂。通过它，人们可以了解更多的生物学信息。这是一种以科技观光为引领，以四季花卉为特色，以考察、科普为主导的开发模式，是后工业时代环境再生的绝佳范例。

加拿大Butchartgarden（景观休闲型） 加拿大Butchartgarden坐落于加拿大温哥华岛，占地20hm²，是利用一个荒废的采石坑修建的，层次鲜明，四季可游。它融汇了世界园艺精华，是加拿大国宝级精致园林，可实现四季皆有景的多彩风情园。它利用地势起伏构建景观层次，从单调园艺走向主题园，包括玫瑰园、日式庭院、意大利花园、低洼花园、Butchart家族陈列馆。

日本芝樱公园（主题游乐型） 日本芝樱公园，面积10hm²，位于日本北海道东藻琴村藻琴山，芝樱数目达120万枚。同时，在山下设置亲子游憩设施，并提供野餐等场地。通过不同花色的芝樱种植出多彩的花田，拼出独特的"小牛"大地艺术景观，形成景区著名地标之一。该公园是一种以花卉景观为环境特色，以花田游乐为主导的开发模式。

（4）国内城镇近郊观光型生态农业的典范 城镇近郊区观光型农业是围绕城镇居民物质、精神、文化生活的需要尤其高品质生活的需要，来打造集精品优质农产品生产、集约农业、低碳农业、休闲农业、体验农业、农业文化产业为一体的，能提供多种产品和服务的生态农业模式。该类观光型农业通常会打造成以花卉业、特种优质农产品或果蔬业为中心的生态产业园区，兼具采摘、休闲、农耕体验等多种功能。

成都石象湖（生态度假型） 石象湖位于四川蒲江县，距成都86 km，距双流机场国际机场77 km，占地2 000 hm²，森林覆盖率60%，湖面133余hm²，是一个以生态休闲、鲜花节事为核心驱动，激活相关产业的综合性生态休闲示范区。该生态观光型农业区，注重农业用地与旅游度假设施用地的规模和空间关系，以湖景旅游为核心结合花卉产业（郁金香、百合花）优势，兼顾景观性、生态性与经济性，有望打造成为国际复合型度假区。

北京西郊小毛驴市民农园（社区支持农业） 北京西郊小毛驴市民农园创建于 2008 年 4 月，占地 15.3 hm²，位于北京西郊著名自然风景区凤凰岭山脚下、京密引水渠旁，是北京市海淀区政府、中国人民大学共建的产学研基地，由国仁城乡科技发展中心团队负责运营。该农园遵循"三低三高"（即低耗能、低污染、低投入；高起步、高产出、高品位）的原则，通过建立一套可持续的农业生产和生活模式，基本实现园区内部的生态循环。在经营模式上，采取社区支持农业的经营理念，倡导健康、自然的生活方式。社员在农场有一块自己的菜地，可种植自己喜爱的蔬菜；农园也会定期将成熟的蔬果配送给社员；社员可以携亲友在农园开展各种自然农耕、植物认知、木工手工等亲子活动。

上海鲜花港（产业博览型） 上海鲜花港创建于 2007 年，占地面积为 100 hm²。主景区 66.7 hm²，是一种集花卉苗木种植、交易、展览、观光休闲等为一体的产业链式开发模式。该模式以产业种植为基础，从组培、种植、研发延伸拓展到展览、交易、花卉衍生产品生产与销售、花卉观光休闲等，以产带旅，以旅促产。主要功能包括花卉科研、花卉展销、主题花海观光、休闲度假等，功能组合和空间布局上兼顾产业要求和旅游需求，既不影响生产种植，又能满足游客体验。

四川成都三圣花乡（农家花乡型） 三圣花乡位于成都市锦江区，是一个以"花田"为背景，以农家乐为主要载体的"花卉乡村"开发模式。它按照城乡统筹发展的要求，先后打造了"花乡农居""幸福梅林""江家菜地""荷塘月色""东篱菊园"多个主题景点，是一个集商务、休闲度假、文化创意、乡村旅游为一体的旅游休闲胜地，先后被国家旅游局、建设部、文化部等授予"国家 AAAA 级旅游景区""首批全国农业旅游示范点""中国人居环境范例奖""国家文化产业示范基地"等称号。这里四季花开不断、蝶舞蜂飞，景区基础设施完备、文化氛围浓郁，有"梅花知识长廊""吟荷廊"等人文景观；有"许燎源现代设计艺术博物馆""蓝顶艺术中心"等艺术创意产业基地；有"高威体育公园""绿道"等运动休闲设施；有"成都传化""中国兰花博览园"等高档花卉生产示范基地。

5.1.3 垂直农业

（1）**垂直农业的概念** 垂直农业这一概念最早由美国哥伦比亚大学教授迪克逊·德斯帕米尔提出。德斯帕米尔希望在由玻璃和钢筋组成的光线充足的建筑物里产出人们所需的食物。在建筑物内，所有的能源被循环利用，如植物不使用堆肥，产生的甲烷等气体被收集起来变成热量，牲畜的排泄物成为能源的来源等。因此，垂直农业也被称为摩天农业。

垂直农业也叫垂直农耕，主要任务是对资源与空间的充分利用，在单位面积最大化发挥产量潜力的一种农业耕作方式。或许可以认为，垂直农业是当前普遍存在的室内温室的"升级版"，它与室外种植相比有很多优势，如提高水肥利用率；在食物消费地种植食物，节省了从外地运输所需的燃料；在室内种植对地点、气温、湿度、土壤成分等作物生长所需基本要素的选择具有灵活性；不必担心遭遇恶劣的气候条件，如干旱、洪水、疫情等。

垂直农业作为都市农业的一类，就是利用现代先进的技术在摩天大楼内进行农业生产。垂直农场不仅可以拓展城市里的农业空间，还可以作为城市一景为美化城市作贡献。目前，美国、法国和以色列都有了垂直农场的雏形，韩国、日本等国家已经在进行垂直农业的试验。尽管人们目前还无法从市场上买到垂直农场生产的农产品，但垂直农业的提出，将传统农业由大田中的平面生产转变为向空中发展，这种思维跳跃不失为农业生产空间的重大创意突破。

（2）垂直农业的优势

高效利用资源　首先可以充分利用土地，节省耕地面积充分利用城市空间。据估算，一座占地仅 1.3 hm²、58 层高的垂直农场，其产量相当于一个400 多 hm² 的传统农场，足够为 3 万～4 万人提供 1 年的粮食和蔬菜等。其次，作为一个独立的绿色生态循环系统，垂直农场可以充分利用太阳能、风能等可再生能源，并且能将一些无法利用的农作物通过环保技术做成燃料，为城市提供额外可再生能源。

高效高产　垂直农场利用温室栽培的手段，可以使农作物全年都在适宜的环境中生长，摆脱生产土壤、地理气候等因素的束缚，不受干旱、洪水以及害虫等自然灾害的影响，从而避免了杀虫剂、除草剂的使用。此外，还可以通过人工设计，合理搭配不同生长期、生长条件的品种，使种间协作达到最优。

净化再生功能　垂直农场可以合理利用有机废物，处理城市污水，提高城市公共卫生。在垂直农场里，可以利用雨水收集系统、净水系统等先进绿色环保技术，把农作物生产过程中产生的有机废物转化成可利用的清洁能源。不仅如此，垂直农场还可以调节城市气候，保护城市生态环境，有效减弱热岛效应。

休闲美化功能　垂直农场可以为城市居民提供大量的休闲空间。一座垂直农场将集农作物生产、养畜、办公休闲于一体，这种新的农业生产模式，将会成为城市文化的一部分，解决城市居民的休闲需求。

（3）国内外垂直农业的典例　目前，在垂直农场领域尚没有实践项目，但是有一定数量的设计案例。从外形上看垂直农场和一般的办公大楼没有区别，高度大都在 30～40 层楼，每层都可以栽种各种各样的农作物，根据不同农作物的生长特点进行科学的分层种植。所有农作物都会在人工监控的环境下生长，根据农作物的生长发育情况，调整农场里的温度、湿度以及光等环境条件，来满足农作物生长的需求。另外垂直农场采用自然生态系统中的食物链原理合理搭配动植物和微生物，达到能源的最大利用率。

加拿大"空中农场" 加拿大滑铁卢大学的高登·格拉夫设计的"空中农场"，是较早的垂直农业设计案例，试图实现在城市中植物作物和能源自给自足。在"空中农场"设计方案中，这栋 55 层的建筑表面覆盖一层植被。这种垂直农场通过燃烧自身的农场废物进行发电，产生的能量可以满足整栋建筑 50％的能源需求，而另一半的能源则来自城市废物。

美国"推进达拉斯" 在"推进达拉斯"的方案中，整栋建筑外表被绿色植被所覆盖，内部包括住宅公寓、咖啡馆、体育馆、日常护理场所以及其他公共空间，是一个集农业生产、能源自给、生活居住等多种功能为一体的综合城市社区。该建筑被达拉斯市政府采纳，并于 2011 年开始动工兴建。

荷兰"城市仙人掌" 在"城市仙人掌"的方案中，建筑物的外观极为奇特，设计了交错伸出的阳台，极大地增加户外空间、改善了采光状况。设计师为每一位住户增加了一个向外伸出的绿色户外空间，为毫无生气的建筑增添了大自然的元素。居住在这种住宅里的城市居民能种植一些自己喜爱的作物，大大拓展了农用空间，增加了美观性和生态性。

美国"生态豆荚" 在经济不景气的环境下，美国波士顿许多正在建造的工程都处于停工状态。由于没有足够的资金继续建设，它们都成了一个个只有框架结构的烂尾楼。波士顿豪勒—尤恩建筑事务所认为这些烂尾楼其实是可以利用的，因此他们提出了在这些烂尾楼上安装一个个"生态豆荚"试验空中农场的利用方案。这种所谓的"生态豆荚"其实就是一个个"藻类舱"，可以用来生产生物燃料。机械臂可以旋转这些"生态豆荚"，以保证每一个"生态豆荚"都能接收同等的光照。

新加坡"绿色天空农场" 新加坡是世界上人口最密集的国家之一，几乎没有可用于农业的土地。因此，身为发明家和企业家的杰克·吴（Jack Ng）创建了绿色天空系统，用尽量少的空间种植更多的植物，可以把它看成是一座植物的摩天大楼。绿色天空（Sky Greens）在又高又窄的 A 字形结构上种植生菜、菠菜以及各种亚洲绿色蔬菜，最多可容纳 32 层，该结构会慢慢地转动植物，就像在摩天轮上一样，以确保他们得到足够的阳光。

美国"蜻蜓垂直农场" 比利时建筑设计师文森特-卡尔博特根据蜻蜓的双翼设计了一种所谓的"蜻蜓垂直农场"。这种设计方案或许可以解决纽约罗斯福岛食品长途运输的问题。在这栋 132 层的巨型建筑中，包括了 28 个不同的农业生产领域，可以供应水果、蔬菜、肉类、牛奶和鱼类等各种农副产品。这栋建筑还包含有多个实验区、办公区和居住区等生活空间。

英国"伦敦桥垂直农场" 事实上，伦敦桥垂直农场的设计思想来源于它的历史。在过去相当长一段时期内，伦敦桥就是商人和市民聚集并交易产品的地方。英国皇家建筑师学会特意举办了一项设计竞赛，希望建筑师们能够充分发挥想象，为伦敦桥设计一个新面貌。在这场想象竞赛中，Chetwood 建筑事务所所设计的"伦敦桥垂直农场"一举夺魁。在"伦敦桥垂直农场"方案中，伦敦桥是一个集农业、能源和商业等功能为一体的综合建筑，它包括一个大型有机垂直农场、太阳能动力尖顶和风力涡轮机组以及一个商业中心。在商业中心中，有新鲜食品市场和零售区域。此外，还有一个与桥相连的码头，人们也可以在水上进行交易。

迪拜"海水利用垂直农场" 迪拜一直以新奇、美丽的建筑而著称，"海水利用垂直农场"的概念也是迪拜新奇建筑设计中一个典型代表。在这个垂直农场中，圆盘形的结构就是一个个农场。海水流经建筑中心的管道，这些农场则利用流经的海水实现冷却和补充水分。这种独特的设计可能有些不切实际，但是它的设计思想却是基于可以利用的自然资源，而且在实施过程中可以采用一种比较符合实际的变通做法。

5.1.4 创意农业

（1）创意农业的概念 创意农业起源于 20 世纪 90 年代后期。借助创意产业的思维逻辑和发展理念，创意农业随之兴起。创意农业以提升产品附加值为核心，运用创意产业的思维，将科技和人文要素融入农业生产，整合农业经济、知识产权、消费教育等相关资源，将传统农业发展为融生产、生活、生态为一体的现代农业，有效拓展农业功能，从而创造财富和增加就业机会，推动产业结构的优化升级。

（2）创意农业的特点 创意农业具有一般创意产业的特性，但其创意主体是农业而非文化，往往兼具一三产业特性。

独创性 创新具有极其广泛的外延，各地依据独特的地理、植被、历史等塑造特色。创意农业以原有的农业资源为载体，辅以新的资源，通过重新设计、开发、包装等手段，实现其新颖、奇特的特征，这是获得消费者认可、取得竞争优势的重要筹码。

产业融合 创意农业是现代工业技术、农业技术、信息技术等与文化、休闲、消费生活融合的产物，是整条产业链延伸的基础，能满足人们物质与精神的双重需求。

高附加值 创意农业将文化与科技融入到农业生产过程和农产品之中，使产品具备智能化、特色化、个性化、艺术化，能在农业过程或农产品使用上满足消费者高端与多层次的需求。

高盈利性 创意农业通过科技创新改良品种，使其具备良好的观赏性或药食功效；通过文化元素提高创意水平，具备独特的文化元素或地域特色。科技与文化的融入，显著提高了整个产业带的生产能力和产品综合，实现创意农业的高盈利性和可持续发展。

风险性 创意农业作为一种新兴产业，具有很大的商机，但其对农业科技要求高，生产过程需要较大的资金投入，另外创意农产品的市场认知度还不高。需注意的是，创意农业的特性具有一致性，如其独创性和高附加值带来了高收益性。创新壁垒越高、附加值越高，固然收益也越高，但市场定位的准确性、资金回收的状况都存在更大的风险。

（3）国外创意农业

荷兰模式：高科技创汇型 荷兰是世界著名的低地国家，全国有 1/4 的国土位于海平面之下，人均耕地面积仅 70 m² 左右。相对较差的农业条件，促使荷兰在农业方面不断创新，从而走上创意农业之路，成为继美国、法国之后居世界第 3 位。荷兰创意农业的创汇经济功能突出，不少农产品单产都居于世界前列，番茄、马铃薯、干洋葱等的出口额均居世界第 1 位；荷兰是世界最大的蘑菇生产国、乳制品出口国、禽蛋出口国和花卉生产国，世界花卉进出口贸易的 67% 来自荷兰。自 20 世纪 90 年代以来，荷兰每年农产品净出口值一直保持在 130 多亿美元，约占世界农产品贸易市场份额的 10%，人均农产品出口创汇居世界榜首。

德国模式：社会生活功能型 20 世纪 90 年代以来，德国政府在倡导环保的同时，大力发展创意农业。主要形式是市民农园和休闲农庄。休闲农庄主要建在林区或草原地带。这里的森林不仅发挥着蓄水、防风、净化空气及防止水土流失的环保功能，而且还发挥出科普和环保教育的功能。如学校和幼儿园经常带孩子们来到这里，参加森林休闲旅游，在护林员的带领下接触森林、认识森林、了解森林；一些企业还把团队精神培训、创造性培训等项目从公司封闭的会议室搬到开放的森林里，产生了意想不到的培训效果。

英国模式：旅游环保型 英国是世界上发展农业旅游的先驱国家，其 80% 以上的城市人口为农业旅游提供了庞大的目标市场。因此，英国大力推进小型化农场经营，并本土化的市场战略。至 1992 年，英国有农场景点 186 个、葡萄园 81 个、乡村公园 209 个，占英国人造景点的 1/10。每个农场景点都为游客提供参与乡村生产生活、体验农场景色氛围的机会。农场内一般设有一个农业展览馆并配以导游和解说词，介绍农业工作情况，备有农场特有的手工艺品，提供餐饮、住宿服务。

法国模式：环保生态型 法国的农业十分发达，是仅次于美国的世界第二大农产品出口国，农业产量、产值均居欧洲之首。在法国，从国家到普通民众，对农业都有一种天然的亲近感。法国创意农业属于环保生态功能为主的创意农业，是以大田作物为主，采取较大规模的专业化农场生产。游客在法国葡萄园和酿酒作坊不仅可以参观，还可以参加农业体验之旅，参与酿制葡萄酒全过程，亲自酿酒并将酒带走，享受不一样乐趣。

日本模式：多功能致富型 日本创意农业以"多功能致富型"为特征，发展重点是设施农业、加工农业、观光休闲农业、多样化农业，属于综合功能的创意农业，重点开发农业的绿色、环保、体验、休闲和示范功能，建设以高新技术产业和镶嵌式多功能的"绿岛农业"为两大特征。日本大分县的"一村一品"运动是创意农业的先行者。该县因地制宜，抓住农产品、歌谣及民族传统等某一特点，打造成为日本全国乃至世界名牌产品。2007年，大分县农户人均年收入达到2.7万美元，位居世界前列。

（4）我国创意农业的类型及典范

农业资源替代 针对本地的农业条件，用充裕资源替代紧缺资源，或通过采用先进技术提高紧缺资源的利用效率，从而取得资源替代的生态效益和经济效益。该种创意农业的模式推广性好，适用于各种地区。

我国长江中下游地区尝试鱼塘种稻模式，通过在淡水养殖池塘中适时适量地种植茎秆粗壮的特种稻，实现明显增收。一方面，因为池塘水环境能在一定程度上隔绝卷叶螟、二化螟、稻飞虱等害虫，所以几乎不需施农药，种出的水稻更加绿色安全；另一方面，池塘稻可利用鱼粪作为废料，对水质的净化作用比水草更强。2016年，江苏省池塘稻种植面积已超过333.3 hm^2。

农业过程利用 该种模式是将农业生产与销售过程中有趣的一面（或有感官刺激、教育意义的一面）剥离并进行包装，供城市市民和游客欣赏，从而提高农产品的知名度，提高农民的收入。

浙江省千岛湖有机鱼休闲观光园区推出的巨网捕鱼项目，是该方面的一个成功案例。在丰渔季，通过选定渔场，设置70 m高的栏网，在鱼逃跑方向上设埋伏圈等准备工作后，渔工们收起巨网，产生水花飞溅、群鱼乱舞的壮观景象。强烈的视觉效果，成为千岛湖旅游的一张金名片，仅船票收入就达300多万元，直接地促进了湖鱼订单的增长。

农业环境利用 该模式利用农业生产所特有的生态环境，为城市居民提供观光旅游甚至休闲度假的服务。重在利用农业区的自身特点，或打造成特定的风景园林景观，或通过彩稻拼图、麦田怪圈、玉米迷宫等制造新奇视觉效果。有的农园甚至打造大片的花海，并通过自宿营地的方式，带给受众以独特的体验。此类创意在大城市郊区普遍适用。

上海奉贤菜花节是该模式的典例。每年 4 月上旬前后，上海奉贤农村的油菜花一片金黄，政府不失时机地加以利用，除观赏活动外，还推出田园爱情、菜花写生、奉贤农副产品展销等 24 项主题活动。此外，如菜花插花与编织等常规体验活动也让游客充分体验到田园情趣，从而充分带动了地区旅游业的发展和农产品的销售。

农产品用途转化 该模式是将农业或生活的废弃物，通过巧妙的构思，制作成实用品或工艺品，实现废物利用，变废为宝。

一是艺术品转化。"中国根雕之乡"开化，年产根雕作品 30 万件，产值达 2 亿元以上，每年的游客人次达 100 多万。经过数十年的发展，开化已形成了根师、根艺、根场、根贸、根料等完整成熟的产业体系，以 AAAAA 级景区"根宫佛国"为依托，充分带动了地区创意农业的发展。通过将景区作为艺术品，将根雕文化融入旅游，开化成功地提升了农产品文化附加值，成为资源创意利用的典范。

二是废弃物利用。发挥创意与巧妙的构思，不仅将农业废弃物用作材料和能源，亦通过对其形、色、物质材料及精神文化元素的利用，变废为宝。如用废弃的鱼骨作画；用农作物秸秆作画，编织草鞋、手提袋、动物、宠物篮、杂物篮等；用树叶或树枝粘贴写意画；用鸟蛋或禽蛋壳做工艺品（花盆、彩绘、蛋雕等）；用贝壳做各种造型的工艺品；用核桃壳、杏核、桃核等做雕刻工艺品；用玉米苞叶、松果、棉花壳等做干花等。

农业节庆开发 农业节庆是依托当地的主导产业，将农耕文化、民俗风情融入传统节日或主题庆典中而开发的节庆，通过农业节庆活动推动旅游、会展、贸易及文化等行业发展，是"农业搭台、经济唱戏、文化传承"的一种创意。农业节庆是体验式和消费式相结合的农业创意类型，常常兼具吃、玩、赏、教等多项功能，其中吃、玩等休闲娱乐功能尤为显著。

开发节日和庆典活动，文化搭台、经济唱戏，已经成为中国很多地方政府提升地方知名度发展地方经济的一个常用手段。乡村节庆开发是创意农业的一个重要内容，通过节庆活动的组织，可以提高农业生产者的凝聚力和产业合作精神，也可以在本地掀起旅游农业的高潮，促进农产品的市场销售。

南京农业嘉年华以"农民的节日，市民的盛会"为定位，每年在南京市的白马公园举办一次。活动期间，各区县农业精品和休闲服务在会上亮相，市民来此品尝、体验、购物、接受最新的农业信息，大大促进了南京市的城乡互动，促进了市民与农民的交流，已经成为南京市创意农业的一个品牌。全市共有螃蟹节、梅花节、雨花茶节等 20 多个农业节庆，2006 年南京市农业旅游景点接待游客 282 万人次，总收入 9.75 亿元，离不开农业节庆等创意的促进作用。

农业食赏新理念 农业食赏模式是从打造一种全新的生活、食用理念出发，改变传统的对农作物的需求和认知，并寻找合理的融入方式，将单独包装的农业过程或产品提供给用户。

一是家庭微型农场。中国寿光，作为中国蔬菜产业的领导者，针对城市用地紧张、采光不足等，运用科技支撑发展了阳台农业、庭院农业。如运用"水肥一体化"系统，将水经过多级净化后，按作物所需比例与肥料混合，多道注流至封闭的水培管道，循环利用。整个装置可直接放置在家庭室内，一方面作为儿童体验农业种养的教育玩具，另一方面可持续为家庭提供绿色健康、亲手种植的瓜果。

二是药食同源。"医农同根，药食同源"是随人们生活水平提高而逐渐流行的观念。一些地区借此推出特定食用农产品，可以长期提供保健功效或温和地治疗某些疾病。如通州桑瑞生态庄园以桑种植为基础，对桑叶进行多级开发利用，开发出了桑芽茶、桑叶茶、桑叶面、桑叶蛋糕和天然桑叶粉等多种功能食品，通过宣传长期性的药食共用打开市场。

农业生态修复 农业生态模式是指在特定的区域内，依靠生态系统的自组织和自调控能力与人工调控能力的复合作用，使部分或单独受损的生态系统达到相对健康的状态。到目前为止，生态修复已经广泛用于农业、林业、水利等领域，在我国的不少地区都取得很好的生态、经济与社会效益。该模式是与生态农业的结合，适宜在生态脆弱、资源匮乏地区推广应用。

北京市门头沟区"生态修复科技综合示范基地"是全国首家生态修复科技综合示范基地，自2005年实施生态修复以来，累计投入1.6亿元，采用挂网喷附、保育基培养、植生袋、无土碎石边坡灌浆技术等技术手段，重点对煤矿废弃地、采石场、旧灰窑、砂石坑、边坡、湿地等六区域实施生态修复试验工程，修复总面积超过$100 hm^2$，恢复景观和植被后，先后建成休闲公园、果园和特色种养殖基地，初步实现了生态修复与改造环境、发展经济有机结合。

5.1.5 植物工厂

（1）**植物工厂的定义** 植物工厂（Plant factory）的概念最早是由日本植物工场学会创办人高辻正基教授在1979年提出，当时的概念比较偏重于人工光植物工厂。此后，2009年日本农商工联盟研究报告书里提出，植物工厂定义为在可控环境下培育植物的园艺设施中，以环境信息和植物生长监测为前提进行高度的环境调控和生长预测，从而实现蔬菜等植物的计划性周年生产。现在，以日本千叶大学古在丰树教授提出的定义较为主流，并得到中国学者的认同。植物工厂是通过设施内高精度环境控制实现农作物周年连续生产的高效农业系统，是利用计算机对植物生育的温度、湿度、光照、CO_2 浓度以及营养液等环境条件进行自动控制，使设施内植物生育不受或很少受自然条件制约的省力型生产。

植物工厂是现代设施农业发展的高级阶段，是科技发展到一定阶段的必然产物，是现代生物技术、建筑工程、环境控制、机械传动、材料科学、设施园艺和计算机科学等多学科集成创新、知识与技术高度密集的农业生产方式。

植物工厂栽培的对象主要包括花卉、蔬菜、药材和食用菌以及水果等。可以大幅提高单位土地利用率、产出率和经济效益，自动化程度高，具有生产计划性，使农产品安全无污染，生产操作省力。同时，可以在极端恶劣的环境条件进行生产，有利于农业摆脱资源与环境的限制，实现农业的可持续发展。

（2）植物工厂概况　植物工厂产生后，经历了 3 个不同的发展阶段。

开始发展阶段　20 世纪 40～60 年代末是植物工厂发展的开始阶段。美国加州帕萨迪纳建立了第 1 座人工气候室，把营养液栽培与环境控制有机地结合起来，人工气候室的出现引发出"模拟生态环境"研究领域的一场革命。

示范应用阶段　20 世纪 70 年代初至 80 年代中期，为植物工厂示范应用阶段。水培技术的发展是该阶段植物工厂应用的重要标志。该时期的特点是：

①营养液配方技术日臻成熟，自动化控制系统逐渐完善。1973 年英国温室作物所的 Cooper 教授提出了营养液膜法（Nutrient film technique，简称 NFT）水培模式，由于 NFT 简化了设备结构，大大降低了生产成本，因而很快在植物工厂和无土栽培领域得到广泛应用；

②应用范围较广，英国研究人员还开发出栽培果树的植物工厂，美国、日本、英国、奥地利、挪威、希腊、伊朗、利比亚等国近 20 家企业都曾利用植物工厂开展过莴苣、番茄、菠菜、药材和牧草等作物的栽培与生产，但除日本发展较快之外，其余国家大多停留在示范和小规模应用阶段；

③开发力度加大，示范效果明显。荷兰的菲利浦、美国的通用电气、日本的日立和电力中央研究所、三菱重工和九州电力公司等国际著名公司，也纷纷投入巨资与科研机构联手进行植物工厂关键技术开发，为植物工厂的快速发展奠定了坚实的基础。

快速发展阶段　20 世纪 80 年代中期至今，是植物工厂的快速发展阶段。截至 2014 年 8 月，日本国内的植物工厂已发展到 304 家，植物工厂数量为世界之最。我国从 2000 年开始研发植物工厂技术。迄今我国有 20 余家人工光植物工厂，从事植物工厂及其 LED 光源研发单位超过 30 家。预计，我国"十三五"期间，植物工厂研发与产业将呈现出快速发展迹象，相关产值将达 1 亿～5 亿元。

目前，植物工厂已经成为全球（尤其是经济发达地区）解决人口资源环境及食物安全（非粮作物，数量与质量安全）等突出问题、发展现代农业的重要途径。它被认为是继陆地栽培、设施园艺、水耕栽培等依序发展之后的又一新技术，也被称之为"第四农业"，业内人士称之为是农业技术的一次革命。植物工厂生产的对象包括蔬菜、花卉、水果、药材、食用菌以及部分粮食作物等。

（3）国外植物工厂的典范

荷兰　荷兰农业资源有限，政府提出了"温室村（Zonneterp）"概念，即资源循环利用概念，把植物工厂作为发展目标之一。利用植物工厂主要发展蔬菜和花卉。对建造植物工厂的企业实行 60% 补贴，从而使荷兰每年生产蔬菜收入35 亿欧元、花卉收入 45 亿欧元，是世界上设施园艺产品出口量最大的国家。荷兰多肉植物工厂，每周产 10 万盆多肉植物，工厂员工只有 25 人，全自动专业化的流水线作业。荷兰植物工厂机械化、自动化、智能化、无人化程度高，太阳光型植物工厂技术全球领先，现已把太阳光型植物工厂全套技术和设备作为强项产业，向中东、非洲、中国等出口。

日本　日本植物工厂发展经历了从人工气候模拟环境到计算机控制转变过程，从少量品种向多品种栽培的转变过程，从基质栽培向水耕、雾耕的转变过程，从平面栽培向平面多层立体栽培的转变过程，从日光灯向 LED 光使用的转变过程，从人工作业到机器人作业的转变过程。由于制造业的优势，日本人工光型植物工厂技术现全球领先，装备先进，技术配套，智能化、自动化程度高，已完全处于商业化、产业化发展阶段。

①大阪府立大学植物工厂：被认为是目前世界最先进的完全人工光控制型的植物工厂，是最新型植物生产的样板，也是全球研究和培训中心。大阪府立大学植物工厂中心是产-学-研-官的创新组合体。大阪府立大学植物工厂中心分 3 个单元，第 1 单元占 1 000 m²，主要用于要素技术的开发研究。第 2 单元也占 1 000 m²，钢筋水泥二层建筑，用于叶菜类的实际栽培研究。第 3 单元有 1 300 m²，是产学研官携手共建的典范，展示的是最新技术。该植物工厂主要的新技术有 4 种：一是世界上首例采用机器人选苗技术（根据幼苗时间基因的活性度来自动选出优良好苗）以及自动栽培的组合作业机器人；二是日本国内首次导入的自动运输机器人以及自动搬运线；三是从育苗到栽培工程全部使用 LED 光源，大幅减少了电力消耗；四是最适配的空调系统，每一层的栽培区域都有送风，使得原本光源产生热而造成的周围环境的温度差不再成为问题，进而改善了栽培室的温度不均衡问题，能实现蔬果均衡栽培和生产。

②千叶大学未来公司植物工厂：面积为 1 500 m²，植物生产架立体叠加 10 层，每天可以生产100 g 重的叶菜 10 000 棵。每棵菜的售价为 20 元，目前工厂运营正常，盈亏平衡。为确保植物不被害虫侵害，植物工厂犹如半导体业中

的洁净室，工人进去之前，必须先洗净身体，换上连衫裤和戴上头罩、手套和口罩。由于植物工厂是个密封空间，植物的生长不再受到天气等自然环境的影响，蔬菜的供应量也可以保持稳定。此外，由于是在干净无尘的环境中生长，加上没有使用杀虫剂，植物工厂种植出来的蔬菜，不需要清洗就能直接放进口中品尝。其中，日本千叶大学在"植物工厂"的技术研究开发中走在前列，其在无土栽培方面具有 30 多年的经验，目前共运营 5 座太阳能植物工厂和 2 座人造光植物工厂。日本千叶大学原校长古在丰树教授，是日本乃至世界植物工厂技术装备及产业发展的奠基人和倡导者，出版了《人工光性植物工厂》《太阳光利用型植物工厂》等著作。

美国　现今美国温室面积达 1.9 万 hm²。温室设施材料大多为双层充气膜、阳光板和玻璃，温控、环控设备全球领先。全球消费电子、家电与照明大厂飞利浦宣布与美国芝加哥农业企业（Green Sense Farms，GSF）策略合作，将针对特定作物使用 LED 生长光源打造室内植物工厂。而这座植物工厂预计将成为全球最大的植物工厂之一。美国垂直空中植物工厂、太空植物工厂已开始由设计图向现实转变。

（4）我国植物工厂的典范

京鹏植物工厂　北京市农业机械研究所及其孵化企业京鹏环球科技股份有限公司，在北京市科委的大力支持下，通过 3 年的研发攻关共同设计建成了国内规模最大、具有国际先进水平的植物工厂。2010 年 8 月 22 日，北京市科委"十一五"重大科技攻关示范项目——市农业机械研究所京鹏植物工厂，在通州落成正式投入运营。依托该工厂，2012 年 5 月获批成立了北京市首家植物工厂工程技术研究中心。

京鹏植物工厂具有科研、生产、示范、孵化等多种功能，占地 1 289 m²，外形像一艘由钢架和玻璃构成的航空母舰。主体采用单层结构，配有人工光利用型、太阳光利用型、太阳光和人工光并用型 3 种不同模式的工厂化生产车间，以生产种苗为主，同时兼顾水培生菜及茄果类高档蔬菜生产，每年可产出组培苗 12 万株，机播良种苗 1 500 万株，共计 1 512 万株，预计产值可达 1 500万元以上。种苗除满足园区温室示范需求外，全年可为园区外 1 667 hm² 设施蔬菜提供种苗，可以辐射通州及周边地区的种苗需求。

农众物联植物工厂　农众物联创新项目于 2013 年 11 月落户北京市平谷区马坊镇，目前已建成部分单体总面积 2.6 m²，是美国米德兰州超大型植物工厂的 1.44 倍，是世界上最大的植物工厂。

农众物联创新项目的诞生为植物工厂的工业化、市场化发展提供了新范本。该项目总投资金额 1.2 亿，包含无光暗室、人工光温室、混合光温室 3 种栽培模式。厂房分 3 层：一层栽培以多层架体定向培养为主的高端食用菌；二层用无土栽培模式对野生山野菜进行种植；三层对高效益茄果类蔬菜进行种植。满负荷运转下，年产蔬菜瓜果可达 700 万 kg。其总建设成本仅为世界同行业水平的 1/10，总体运营成本仅为世界同业水平的 1/4，并实现了节水、节能等众多成果。当前，农众物联植物工厂已申报专利近百项，在光、温、湿、肥、气、苗、控等方面拥有核心自主技术，由其起草的 100 项中国首份植物工厂企业标准已通过北京市质量监督局备案，改变了中国植物工厂行业标准缺失的现状。

5.2 无土栽培技术

5.2.1 概述

无土栽培（Soilless culture）是指不用天然土壤而用基质或仅育苗时用基质，在定植以后用营养液进行灌溉的栽培方法。由于无土栽培可人工创造良好的根际环境以取代土壤环境，有效防止土壤连作病害及土壤盐分积累造成的生理障碍，充分满足作物对矿质营养、水分、气体等环境条件的需要，栽培用的基本材料又可以循环利用，因此具有省水、省肥、省工、高产优质等特点。

无土栽培采用人工配制的培养液，供给植物矿物营养的需要。为使植株直立，可用石英砂、蛭石、泥炭、锯屑、塑料等作为支持介质，并可保持根系的通气。多年的实践证明，大豆、菜豆、豌豆、小麦、水稻、燕麦、甜菜、马铃薯、甘蓝、叶莴苣、番茄、黄瓜等作物，无土栽培的产量都比土壤栽培的高。由于植物对养分的要求因种类和生长发育的阶段而异，所以配方也要相应地改变，例如叶菜类需要较多的 N，以促进叶片的生长；番茄、黄瓜要开花结果，比叶菜类需要较多的 P、K、Ca，需要的 N 则比叶菜类少些。生长发育时期不同，植物对营养元素的需要也不一样。对苗期的番茄培养液里的 N、P、K 等元素可以少些；长大以后，就要增加其供应量。夏季日照长，光强、温度都高，番茄需要的 N 比秋季、初冬时多。在秋季、初冬生长的番茄要求较多的 K，以改善其果实的质量。培养同一种植物，在它的一生中也要不断地修改培养液的配方。配好的培养液经过植物对离子的选择性吸收，某些离子的浓度降低得比另一些离子快，各元素间比例和 pH 值都发生变化，逐渐不适合植物需要。所以每隔一段时间，要用 NaOH 或 HCl 调节培养液的 pH，并补充浓度降低较多的元素。由于 pH 和某些离子的浓度可用选择性电极连续测定，所以可以自动控制所加酸、碱或补充元素的量。无土栽培所用的培养液可以循环使用，但这种循环使用不能无限制地继续下去。用固体惰性介质加培养液培养时，也要定期排出营养液，或用点灌培养液的方法，供给植物根部足够的氧。当植物蒸腾旺盛的时候，培养液的浓度增加，这时需补充些水。无土栽培成功的关键在于管理好所用的培养液，使之符合最优营养状态的需要。

无土栽培中营养液成分易于控制,而且可以随时调节。在光照、温度适宜而没有土壤的地方,如沙漠、海滩、荒岛,只要有一定量的淡水供应,便可进行。大都市的近郊和家庭也可用无土栽培法种蔬菜花卉。

5.2.2 分类

无土育苗不用土壤,而用非土壤的固体材料作基质,浇营养液,或不用任何基质,而利用水培或雾培的方式进行育苗,称为无土育苗。按是否利用基质,又可分为基质育苗和营养液育苗,前者是利用蛭石、珍珠岩、岩棉等基质并浇灌营养液苗;后者不用任何基质,只利用某些支撑物和营养液。一般无土栽培的类型主要有非固体和固体基质培两大类。

（1）非固体基质

水培 水培是指植物根系直接与营养液接触,不用基质的栽培方法。最早的水培是将植物根系浸入营养液中生长,这种方式会出现缺氧现象,影响根系呼吸,严重时造成根死亡。为解决供氧问题,英国 Cooper 在 1973 年提出了营养液膜法的水培方式（Nutrient film technique,简称 NFT）。它的原理是使一层很薄的营养液层（0.5～1 cm）,不断循环流经作物根系,既保证不断供给作物水分和养分,又不断供给根系新鲜氧。NFT 法栽培作物,灌溉技术大大简化,不必每天计算作物需水量,营养元素均衡供给。根系与土壤隔离,可避免各种土传病害,也无需进行土壤消毒。

雾培 又称气雾栽培。它是将营养液压缩成气雾状直接喷到作物的根系上,根系悬挂于容器的空间内部。通常是用聚丙烯泡沫塑料板,其上按一定距离钻孔,于孔中栽培作物。两块泡沫板斜搭成三角形,形成空间,供液管道在三角形空间内通过,向悬垂下来的根系上喷雾。一般每间隔 2～3 min 喷雾几秒钟,营养液循环利用,同时保证作物根系有充足的氧气。但此方法设备费用太高,需要消耗大量电能,且不能停电,没有缓冲的余地,还只限于科学研究应用,未进行大面积生产。该法栽培植物机理同水培,因此根系状况同水培。

（2）基质栽培　基质栽培是无土栽培中推广应用最大的一种方式。它是将作物的根系固定在有机或无机基质中，通过滴灌或细流灌溉的方法，供给作物营养液。栽培基质可以装入塑料袋内，或铺于栽培沟或槽内。基质栽培的营养液是不循环的，称为开路系统，这可以避免病害通过营养液的循环而传播。基质栽培缓冲能力强，不存在水分、养分与供氧之间的矛盾，且设备较水培和雾培简单，甚至可不需要动力，所以投资少、成本低，生产中普遍采用。从我国现状出发，基质栽培是最有现实意义的一种方式。

5.2.3　优点

（1）节水省肥　无土栽培不但省水，而且省肥，一般统计认为土栽培养分损失比率约 50%，我国农村由于科学施肥技术水平低，肥料利用率更低，仅

30％～40％，一多半的养分都损失了，在土壤中肥料溶解和被植物吸收利的过程很复杂，不仅有很多损失，而且各种营养元素的损失不同，使土壤溶液中各元素间很难维持平衡。而无土栽培中，作物所需要的各种营养元素，是人为配制成营养液施用的，不但不会损失且保持平衡，根据作物种类以及同一作物的不同生育阶段科学供应养分，可充分发挥增产潜力。

（2）清洁卫生　无土栽培施用的是无机肥料，没有臭味，也不需要堆肥场地。土壤栽培施有机肥，肥料分解发酵，产生臭味污染环境，还会使很多害虫的卵孳生，危害作物，无土栽培则不存在这些问题。

（3）省力省工、易于管理　无土栽培不需要中耕、翻地、锄草等作业，省力省工。浇水追肥同时解决，由供液系统定时定量供给，管理十分方便。土培浇水时，要一个个地开、堵畦口，是一项劳动强度很大的作业，无土栽培则只需开启和关闭供液系统的阀门，劳动强度很低，若采用智能控制，则与工业生产的方式相似。

（4）避免土壤连作障碍　设施栽培中，土壤极少受自然雨水的淋溶，水分养分运动方向是自下而上。土壤水分蒸发和作物蒸腾，使土壤中的矿质元素由土壤下层移向表层，长年累月、年复一年，土壤表层积聚了很多盐分，对作物产生危害。尤其是设施栽培中的温室栽培，一经建好，就不易搬动，土壤盐分积聚，以及多年栽培相同作物，造成土壤养分平衡，发生连作障碍，一直是个难以解决的问题。在万不得已情况下，只能用耗工费力的"客土"方法解决。而应用无土栽培后，特别是采用水培，则从根本上解决了此问题。土传病害也是设施栽培的难点，土壤消毒，不仅困难而且消耗大量能源，成本可观，且难以消毒彻底。若用药剂消毒，既缺乏高效药品，同时药剂有害成分的残留还危害健康，污染环境。无土栽培则是避免或从根本上杜绝土传病害的有效方法。

（5）不受地区限制、充分利用空间　无土栽培使作物彻底脱离了土壤环境，因而也就摆脱了土地的约束。耕地被认为是有限的、最宝贵的，又是不可再生的自然资源，尤其对一些耕地缺乏的地区和国家，无土栽培就更有特殊意义。无土栽培进入生物领域后，地球上许多沙漠、荒原或难以耕种的地区，都可采用无土栽培方法加以利用。此外，无土栽培还不受空间限制，可以利用城市楼房的平面屋顶种菜种花，无形中扩大栽培面积。

（6）有利于实现农业现代化　无土栽培使农业生产摆脱了自然环境的制约，可以按照人的意志进行生产，所以是一种受控的农业生产方式。它按量化指标进行耕作，有利于实现机械化、自动化，从而逐步走向工业化的生产方式。在奥地利、荷兰、苏联、美国、日本等都有水培"工厂"，是现代化农业的标志。

第6章

农田杂草类型和病虫害的识别

6.1 农田杂草主要类型与调查

6.1.1 农田杂草主要类型

　　农田杂草是指农田中非栽培的植物、害大于益的农田植物。世界杂草有5万种，其中农田杂草有5 000种，我国农田杂草有580种。根据繁殖和发生特点，可分为：

　　一年生杂草（278种）：种子萌发、营养生长、开花结果、死亡在一年内完成，以种子繁殖，如野燕麦和反枝苋。

　　二年生又可称越年生杂草（59种）：第1年营养生长越冬，第2年开花结实，以种子繁殖，如荠菜、独行菜。

　　多年生杂草（243种）：多次开花结实，如车前、问荆、空心莲子草。

　　营养繁殖器官类型有：种子、直根、根状茎、块茎、匍匐茎、球茎、鳞茎、茎叶段块。

　　根据形态特征，可分为禾草类、莎草类和阔叶草类。禾草类主要包括禾本科杂草，莎草类主要包括莎草科杂草，阔叶草类包括所有的双子叶杂草和部分单子叶杂草。

　　禾草类主要包括禾本科杂草（38种）：单子叶杂草，一片子叶，叶面狭长，叶脉平行，叶子竖立，无叶柄，叶鞘在侧纵裂开；茎圆形或扁形，茎内维管束全面散布，无形成层，根系为须根。

　　莎草类主要包括莎草科杂草（34种）：单子叶，叶片窄而大，叶脉平行，叶子竖立生长，无叶柄，叶鞘闭合成管状；茎三棱或扁三棱，个别为圆柱形，无节，茎实心，不具中空节间，根系为须根。

　　阔叶杂草（77科）：两片叶子，叶面宽大，叶子着生角度大，叶片平展，叶脉网状，少数叶脉平行有叶柄；茎圆形或四棱形，茎内维管束作环状排列，有形成层，次生组织发达；根为直根。其中常见杂草主要有：

　　（1）菊科（61种）　头状花序，花两类，内部为管状花，外部为舌状花。

（2）十字花科（47 种） 常有根生叶，花两性，总状花序，萼片 4 枚，雄蕊 6 片，对称生。

（3）藜科（12 种） 叶互生，无托叶，花不显著，密集，小坚果。

（4）蓼科（28 种） 茎节膨胀，单叶互生，叶柄基部的托叶常膨大成膜质托叶鞘，花小，花簇由鞘发出，瘦果。

（5）苋科（17 种） 营养体含红色素，叶对生或互生，无托叶，花小，不显著，族生或穗状花序，小坚果。

（6）唇形科（13 种） 茎四棱，单叶对生，轮状聚伞花序，不整齐两性花，小坚果。

（7）旋花科（6 种） 缠绕草本，有的有乳液，腋生聚伞花序，花大形，花冠漏斗状，子房上位，蒴果。

根据生态习性，可分为耕地杂草、林地杂草、草地杂草、水生杂草（沉水杂草、浮水杂草、挺水杂草）、环境杂草、寄生杂草（也称异养型杂草，如菟丝子，此类杂草已部分或全部失去以光合作用自我合成有机养料的能力，而寄生或半寄生地生活）。

6.1.2 主要禾本科杂草

（1）看麦娘（棒槌草） 株高 15～40 cm。秆丛生，基部膝曲，叶鞘短于节间，叶舌薄膜质，圆锥花序，灰绿色，花为橙黄色。

（2）野燕麦（燕麦草） 株高 30～120 cm，单生或丛生，叶鞘长于节间，叶鞘松弛，叶舌膜质透明。圆锥花序，长 25 mm，生 2～3 朵花。

（3）硬草　秆直立或基部卧地，高 15～40 cm，节较肿胀。叶鞘平滑，有脊，下部闭合，长于节间；叶舌干膜质。圆锥花序较密集而紧缩，小穗粗壮，直立或平展。

（4）马唐（秧子草）　秆丛生，基部展开或倾斜，总状花序 3～10 个，长 5～8 cm，上部互生，下部近于轮生。

（5）狗尾草　高 20～60 cm，<u>丛生</u>，<u>直立</u>或倾斜，基部偶有分枝，圆锥花序紧密，呈圆柱状。

（6）牛筋草　又称蟋蟀草，根密而深，难拔。秆丛生，基部倾斜，高10～90 cm。

（7）千金子　高 30～90 cm，秆丛生，直立，基部膝曲或倾斜。叶鞘无毛，多短于叶间；叶片扁平，先端尖，圆锥花序，主轴和分枝粗糙；小穗多带紫色。

（8）稗草　高 50～130 cm，叶条形，秆直立，无叶舌。圆锥花序，分枝为穗形总状花序，并生或对生与主轴。

（9）狗牙根　有地下根茎。茎匍匐地面，叶鞘有脊，鞘口有柔毛，叶舌短，有纤维毛。叶片线形互生，穗状花序。

（10）䅟草　秆丛生，不分枝，高 15～90 cm，叶鞘无毛，多长于节间，叶片阔条形。圆锥花序，狭窄，分枝稀疏，直立或斜生。

6.1.3 主要阔叶杂草

（1）鸭跖草 俗名兰花菜，鸭跖草科。1 年生晚春杂草，草本，适应性很强，既喜湿又耐旱。种子寿命在 5 年左右，分布全国，在东北 5 月上、中旬发芽出苗，是大豆田的恶性杂草，因十年九春旱，故土壤处理防除效果很难保证，抗药性强。

（2）苣荬菜 多年生根茎杂草，菊科。根茎发达，在东北 5 月上旬发芽出苗，是大豆田的恶性杂草，7 月下旬开花，8～9 月种子成熟，地下根茎繁殖为

主。危害大豆、玉米、小麦等旱田作物，分布全国各地。

（3）刺蓟　俗称刺儿菜，菊科，多年生根茎杂草，有细长的根状茎。在东北5月初出苗，是大豆田恶性杂草，7月中、下旬开花，8～9月种子成熟，根茎发达，深入土壤中2～3m，并在不同深度长出一些横走根茎，上生多数根芽，根芽繁殖。分布于各地，危害大豆、小麦、棉花等。

（4）问荆　俗称节骨草，木贼科，多年生草本。根茎繁殖为主，孢子也能繁殖，4～5月生孢子茎，不久孢子成熟散出，孢子茎枯死，5月中下旬生营养茎，9月营养茎死亡；蕨类杂草，酸性土壤偏重发生，叶退化，下部联合成鞘，主要分布于长江以北，危害小麦、大豆、玉米、果园等。

（5）香薷　俗称野苏子、唇形科，1年生种子繁殖，东北5月出苗，7～8月为花果期。全国各地分布，以东北、青海、内蒙古等地为多，危害大豆、小麦、果园。

（6）小藜　俗称灰菜，藜科。种子繁殖，1年生早春杂草，在东北发芽期4月中旬至5月中旬；在河南一年两代，第1代3月发苗，5月开花，5月底至6月初果实渐次成熟，第2代随着秋作物不同而物候不同，通常7～8月发芽，9月开花，10月果实成熟。

（7）佛座　俗称宝盖草，唇形科。1 年生或 2 年生草本，种子繁殖，10 月出苗，为夏收作物田常见杂草，对麦类、油菜等危害较重。

（8）荠菜　十字花科，1 年生或越年生草本，种子繁殖，大多秋天出苗，幼苗越冬，初夏成熟落粒，主要生活在湿润肥沃的土地，不耐干旱。分布在黄河、长江流域，危害小麦、菜地、果园。

（9）猪殃殃 又称拉拉藤、色拉殃，茄科，1年生或越年生，种子繁殖，秋天发芽较多，少量早春发生。

（10）空心莲子草 又称水花生，苋科莲子草属，多年生或1年生草本，主要以茎叶越冬，茎芽无性繁殖为主，分布我国南方各省；危害水稻、蔬菜、棉花、果园及湖泊，成为湿润地域作物的主要难治杂草。

6.1.4　主要莎草科杂草

（1）香附子　又称莎草，多年生草本，地下块茎或坚果繁殖，长出一至数条根茎，延伸并长出块茎，繁殖速度快。6～7月开花，8～10月结籽。分布在华南、华东、西南等地，危害花生、棉花、大豆、蔬菜、果园等，还是飞虱等害虫的寄主。

（2）异型莎草　又称球穗莎草，种子繁殖，一年生草本，种子小而轻，可随风散落，随水漂流，或随种子、动物活动传播；发生普遍，尤其在低洼水稻田中危害严重。

（3）牛毛毡　又称牛毛草，具极纤细匍匐地下根状茎，根茎和种子繁殖，虽然体小，繁殖力极强，蔓延迅速；分布全国，严重影响水稻生长，为恶性杂草。

（4）萤蔺　又称小水葱，种子和根茎繁殖，多年生草本，种子借水流传播；分布全国，危害较重，是水田常见杂草。

（5）扁秆标草　又称三棱草，多年生草本水田杂草，以根茎和种子繁殖，寿命5～6年，几乎遍布全国，是稻田的恶性杂草。

6.2　农作物主要病虫害的识别

6.2.1　水稻病虫害

水稻三大主要病害是稻瘟病、白叶枯病、纹枯病。其他重要病害有稻曲病、恶苗病、霜霉病等。主要害虫有二化螟、纵卷叶螟、稻飞虱。

（1）稻瘟病　稻瘟病又称稻热病，俗称火烧瘟、吊头瘟、掐颈瘟等，是流行最广、危害最大的世界性真菌病害之一，主要危害寄主植物的地上部分。由于危害时期和部位不同，可分为苗瘟、叶瘟、穗颈瘟、枝梗瘟、粒瘟等。

（2）白叶枯病　白叶枯病主要发生于叶片及叶鞘上。初起在叶缘产生半透明黄色小斑，以后沿叶缘一侧或两侧或沿中脉发展成波纹状的黄绿或灰绿色病斑；病部与健部分界线明显；数日后病斑转为灰白色，并向内卷曲，远望一片枯槁色，故称白叶枯病。

（3）纹枯病　纹枯病是由立枯丝核菌侵染引起的一种真菌病害。水稻秧苗期至穗期均可发生，以抽穗前后最盛。该病主要危害叶鞘、叶片，严重时侵入茎秆并蔓延至穗部。病斑最初在近水面的叶鞘上出现，初为椭圆形，水渍状，后呈灰绿色或淡褐色，逐渐向植株上部扩展，病斑常相互合并为不规则形状，病斑边缘灰褐色，中央灰白色。肉眼常可见叶表气生菌丝纠成的菌核。

（4）稻曲病　稻曲病又称伪黑穗病、绿黑穗病、谷花病、青粉病，俗称"丰产果"。该病是水稻开花以后至乳熟期在穗部发生的一种真菌性病害，主要分布在稻穗中下部危害谷粒，近年来在中国各地稻区普遍发生，且逐年加重，已成为水稻主要病害之一。稻曲病使稻谷千粒重降低、产量下降、秕谷、碎米增加，出米率、品质降低。此病菌含有对人、畜、禽有毒物质及致病色素，食入后可造成直接和间接的伤害。

（5）恶苗病　恶苗病又称徒长病，中国各稻区均有发生。病谷粒播后常不发芽或不能出土。苗期发病苗比健苗细高，叶片叶鞘细长，叶色淡黄，根系发育不良，部分病苗在移栽前死亡，在枯死苗上有淡红或白色霉粉状物。

（6）二化螟　二化螟俗名钻心虫，蛀心虫、蛀秆虫等，是我国水稻上危害最为严重的常发性害虫之一，在分蘖期受害造成枯鞘、枯心苗，在穗期受害造成虫伤株和白穗，一般年份减产 3%～5%，严重时减产在 3 成以上。近年来发生数量呈明显上升的态势。二化螟国内各稻区均有分布，较三化螟和大螟分布广，但主要以长江流域及以南稻区发生较重。

　　(7) 稻纵卷叶螟　稻纵卷叶螟是中国水稻产区的主要害虫之一，广泛分布于各稻区。以幼虫危害水稻，缀叶成纵苞，躲藏其中取食上表皮及叶肉，仅留白色下表皮。苗期受害影响水稻正常生长，甚至枯死；分蘖期至拔节期受害，分蘖减少，植株缩短，生育期推迟；孕穗后特别是抽穗到齐穗期剑叶被害，影响开花结实。

　　(8) 稻飞虱　稻飞虱主要有褐飞虱、白背飞虱和灰飞虱3种。危害较重的是褐飞虱和白背飞虱，早稻前期以白背飞虱为主，后期以褐飞虱为主；中晚稻以褐飞虱为主。灰飞虱很少直接成灾，但能传播稻、麦、玉米等作物的病毒。稻飞虱对水稻的危害，除直接刺吸汁液，使生长受阻，严重时稻丛成团枯萎，甚至全田死秆倒伏外，产卵也会刺伤植株，破坏输导组织，妨碍营养运输并传播病毒病。

6.2.2　小麦病虫害

危害小麦的病害有：赤霉病、条锈病、叶锈病、秆锈病、腥黑穗病、散黑穗病、黄矮病、红矮病、全蚀病、叶斑病等。虫害有小麦蚜虫、吸浆虫、红蜘蛛、叶蝉、蛴螬、金针虫、蝼蛄、麦叶蜂、麦秆蝇等。

（1）赤霉病　小麦赤霉病又称麦穗枯、烂麦头、红麦头，是小麦的主要病害之一。小麦赤霉病在全世界普遍发生，主要分布于潮湿和半潮湿区域，尤其气候湿润多雨的温带地区受害严重。从幼苗到抽穗都可受害，主要引起苗枯、茎基腐、秆腐和穗腐，其中危害最严重的是穗腐。

（2）白粉病　小麦白粉病是一种世界性病害，在各主要产麦国均有分布，我国山东沿海、四川、贵州、云南发生普遍，危害也重。近年来该病在东北、华北、西北麦区，亦有日趋严重之势。该病可侵害小麦植株地上部各器官，但以叶片和叶鞘为主，发病重时颖壳和芒也可受害。

（3）纹枯病　小麦纹枯病是一种世界性病害，发生非常普遍。主要发生在小麦的叶鞘和茎秆上。小麦拔节后，症状逐渐明显。发病初期，在地表或近地表的叶鞘上产生黄褐色椭圆形或梭形病斑，以后，病部逐渐扩大，颜色变深，并向内侧发展危害茎部，重病株基部一、二节变黑甚至腐烂，常早期死亡。在长江中下游和黄淮平原麦区逐年加重，对产量影响极大。

（4）麦蚜　麦蚜又称腻虫，危害小麦的主要有麦长管蚜、麦二叉蚜、禾缢管蚜、麦无网长管蚜。麦蚜在小麦苗期，多集中在麦叶背面、叶鞘及心叶处；小麦拔节、抽穗后，多在茎、叶和穗部刺吸危害，并排泄蜜露，影响植株的呼吸和光合作用。被害处呈浅黄色斑点，严重时叶片发黄，甚至整株枯死。穗期危害，造成小麦灌浆不足，籽粒干瘪，千粒重下降，引起严重减产。另外，麦蚜还是传播植物病毒的重要昆虫媒介，以传播小麦黄矮病危害最大。

（5）**吸浆虫** 小麦吸浆虫主要有红吸浆虫和黄吸浆虫，是小麦毁灭性虫害之一，轻则减产，重则绝收。小麦吸浆虫以幼虫危害花器、籽实和麦粒。幼虫潜伏在颖壳内吸食正在灌浆的麦粒汁液，造成秕粒、空壳。

6.2.3 玉米主要病虫害

危害玉米的主要病虫害有：玉米螟、黏虫、大斑病、小斑病、纹枯病、锈病等。

（1）**玉米螟** 玉米螟是玉米的主要虫害。主要分布于北京、东北、河北、河南、四川、广西等地。各地的春、夏、秋播玉米都有不同程度受害，尤以夏播玉米最重。可危害玉米植株地上的各个部位，使受害部分丧失功能，降低籽粒产量。

（2）**黏虫** 玉米黏虫是玉米作物虫害中常见的主要害虫之一。属鳞翅目，夜蛾科，又称行军虫，

体长17～20 mm，淡灰褐色或黄褐色，雄蛾色较深。幼虫暴食玉米叶片，严重发生时，短期内吃光叶片，造成减产甚至绝收。一年可发生3代，以第2代危害夏玉米为主。

（3）玉米大斑病　玉米大斑病主要危害玉米叶片，严重时也危害叶鞘和苞叶，先从植株下部叶片开始发病，后向上扩展。病斑长梭形，灰褐色或黄褐色，长5～10 cm，宽1 cm左右，有的病斑更大，严重时叶片枯焦。天气潮湿时，病斑上可密生灰黑色霉层。此外，有一种发生在抗病品种上的病斑，沿叶脉扩展，为褐色坏死条纹，一般扩展缓慢。夏玉米一般较春玉米发病重。

（4）玉米小斑病　玉米小斑病自苗期到后期都可发生。自下部叶片开始，出现褐色半透明水渍状小斑，逐渐向上蔓延，以玉米抽穗时最多。病斑扩大后呈黄褐色纺锤形或椭圆形，边缘常有赤褐色晕纹。后期严重时，叶片枯死。在潮湿时病斑上产生黑色绒毛状物。

（5）玉米纹枯病　主要危害玉米叶鞘，病斑为圆形或不规则形，淡褐色，水浸状，病、健部界线模糊，病斑连片愈合成较大型云纹状斑块，中部为淡土黄色或枯草白色，边缘褐色。湿度大时发病部位可见到茂盛的菌丝体，后结成白色小绒球，逐渐变成褐色的菌核。有时在茎基部数节出现明显的云纹状病斑。病株茎秆松软，组织解体。

（6）玉米锈病　玉米锈病主要发生在叶片上，叶片两面散生或聚生成长圆形、黄褐色、粉状病斑，并散出铁锈色粉末，即病原菌的夏孢子堆和夏孢子。生长后期病斑上生长圆形黑色冬孢子堆和冬孢子。

6.2.4 油菜主要病虫害

危害油菜的主要病害有油菜菌核病、霜霉病、白锈病和病毒病；主要虫害有蚜虫、菜青虫、猿叶甲和跳甲等。其中菌核病和蚜虫的危害最重，如果防治不力，油菜产量损失可达 $20\%\sim30\%$。

（1）油菜菌核病 油菜菌核病主要危害茎秆，亦危害叶片、花和荚果。茎上的病斑初为淡褐色，略凹陷，后变灰白，湿度大时，病部变软腐烂，表面长出白色絮状物（病菌的菌丝体）。病茎皮层腐烂，髓部多消失而成空腔，内生有大型黑色的菌核，状如鼠粪，有时茎表也长有菌核。此病在油菜开花期开始发生，并一直危害至成熟期，导致植株早枯、种子皱瘪、减产减收。

（2）油菜霜霉病 油菜霜霉病在油菜的整个生育期都可发生，导致叶片枯死，花序肥肿畸形，此病可危害叶片、茎、花和荚果。其症状是在被害叶片正

面初生淡黄色不明显的病斑，呈多角形，叶背病部上长出白色的霜状霉。不能结实或结实不良，菜籽产量和质量下降。

（3）蚜虫　油菜上的蚜虫为菜蚜，多密集在叶背、菜心、茎枝和花轴上刺吸汁液，使叶片卷曲萎缩、幼苗生长迟缓；嫩茎、花轴生长停滞，花、角果数减少，常致植株枯死。同时传播病毒病，造成的危害远远大于蚜害本身。在温暖地区北方地区年发生十余代，南方地区年发生数十代。温暖地区或在温室内以无翅胎生雌蚜繁殖，终年危害。长江以北地区在蔬菜土产卵越冬，翌春3～4月孵化为干母，在越冬寄主上繁殖几代后产生有翅蚜，向其他蔬菜上转移，扩大危害，无转寄主习性。到晚秋部分产生性蚜，交配产卵越冬。萝卜蚜发育适温较桃蚜稍广，在较低温情况下萝卜蚜发育快，9.3℃时发育历期17.5 d，桃蚜9.9℃，需24.5 d。此外，对有毛的十字花科蔬菜有选择性。

6.2.5 马铃薯主要病虫害

危害马铃薯的病虫害有 300 多种，但并不是所有的病虫害都会造成马铃薯严重减产。马铃薯病害主要分为真菌病害、细菌病害和病毒病。其中由真菌引起的马铃薯晚疫病是世界上最主要的马铃薯病害，几乎能在所有的马铃薯种植区发生。通常说的种薯退化即为不同病毒引起的多种病毒病所造成。马铃薯害虫分地上害虫和地下害虫，其中比较主要的有马铃薯块茎蛾、蚜虫等。

（1）环腐病　环腐病多为种薯带毒所发生，因此在整个秋马铃薯的栽培过程中都有可能发病。幼苗期间，环腐病会抑制幼苗生长，苗叶卷叶、皱缩，严重时会有死苗的状况发生。开花期，茎叶自上而下萎蔫枯死，切开病薯可发现呈现乳黄色或褐色环状腐烂。

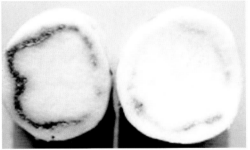

（2）病毒病　马铃薯病毒病田间表现症状复杂多样，常见的症状类型可归纳为 4 种：一是花叶型。叶面出现淡绿、黄绿和浓绿相间的斑驳花叶（有轻花叶、重花叶、皱缩花叶和黄斑花叶之分），叶片基本不变，或皱缩变小，植株矮化；二是卷叶型。叶缘向上卷曲，甚至呈圆筒状，色淡，变硬革质化，有时叶背出现紫红色；三是坏死型（或称条斑型）。叶脉、叶柄、茎枝出现褐色坏死斑或连合成条斑，甚至叶片萎垂、枯死或脱落；四是丛枝及束顶型。分枝纤细而多，缩节丛生或束顶，叶小花少，明显矮缩。

（3）二十八星瓢虫　二十八星瓢虫对马铃薯的危害较大，它们常以叶肉和果实为食，受害的马铃薯叶片会干枯、变褐；果实被啃常常破裂，粗糙味苦，不能食用。

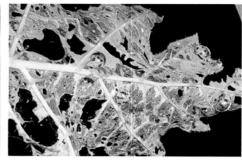

6.2.6　棉花主要病虫害

近年来，随着抗虫棉的全面种植，棉田用药量和用药次数明显减少，但农田生态和气候条件使棉花主要病虫害的发生种类和程度呈现较大变化，棉蚜、棉叶螨、枯黄萎病、棉盲蝽成为棉田主要病虫害，严重影响了棉花产量和品质的提高。

（1）棉蚜　棉蚜俗称腻虫，为世界性棉花害虫。棉蚜以刺吸口器插入棉叶背面或嫩头部分组织吸食汁液，受害叶片向背面卷缩，叶表有蚜虫排泄的蜜露（油腻），并往往滋生霉菌。棉花受害后植株矮小、叶片变小、叶数减少、根系缩短、现蕾推迟、蕾铃数减少、吐絮延迟。

（2）棉盲蝽　棉盲蝽是棉花上主要害虫，在我国棉区危害棉花的盲蝽有5种：绿盲蝽、苜蓿盲蝽、中黑盲蝽、三点盲蝽和牧草盲蝽。其中，绿盲蝽分布最广，南北均有分布，且具一定数量，中黑盲蝽和苜蓿盲蝽分布于长江流域以北的省份，而三点盲蝽和牧草盲蝽分布于华北、西北和辽宁。棉盲蝽以成虫、若虫刺吸棉株汁液，

造成蕾铃大量脱落、破头叶和枝叶丛生。棉株不同生育时期被害后表现不同，子叶期被害，表现为枯顶；真叶期顶芽被刺伤则出现破头疯；幼叶被害则形成破叶疯；幼蕾被害则由黄变黑，2～3 d 后脱落；中型蕾被害则形成张口蕾，不久即脱落；幼铃被害伤口呈水渍状斑点，重则僵化脱落；顶心或旁心受害，形成扫帚棉。

（3）棉叶螨　棉叶螨又称棉花红蜘蛛，我国各棉区均有发生，寄主广泛。棉叶螨主要在棉花叶面背部刺吸汁液，使叶面出现黄斑、红叶和落叶等危害症状，形似火烧，俗称"火龙"。暴发年份，造成大面积减产甚至绝收。它在棉花整个生育期都可危害。

（4）棉铃虫　棉铃虫是棉花蕾铃期的主要钻蛀性害虫，在我区一年发生 4代。主要以第 2、第 3 代危害棉花，以幼虫蛀食蕾、花、铃造成危害为主，也取食嫩叶，被蛀棉铃易烂脱落或成为僵瓣。

（5）棉花枯、黄萎病　棉花枯、黄萎病是危害棉花维管束组织的病害，可导致棉花叶片变色、干枯、脱落、萎蔫等，严重时连片枯死，严重影响产量。棉花枯、黄萎病是整个生育期都可能发作的真菌病害，但在幼苗期几乎不会出现，一般在 3～5 片真叶期开始显症，生长中后期棉花现蕾后田间大量发病，导致整个植株枯死或萎蔫。

①棉花黄萎病：现蕾期病株症状是叶片皱缩，叶色暗绿，叶片变厚发脆，节间缩短，茎秆弯曲，病株畸形矮小，有的病株中、下部叶片呈现黄色网纹状，有的病株叶片全部脱落变成光秆。

②棉花枯萎病：病株一般不矮缩，多由下部叶片先出现病状，向上部发展，病叶叶缘和叶脉间的叶肉发生不规则的淡黄色或紫红色的斑块。